BBC專家為你解答

基因的祕密

THE ULTIMATE GUIDE TO
YOUR GENES

CONTENTS

基因的祕密   4

DNA 密碼   6

先天與後天的橋梁：
表觀遺傳學   18

病毒影響人類演化   28

人體細胞全解密   40

基因與健康   50

你是天生的超級英雄嗎？   52

肥胖都是基因惹的禍？   62

失明治療新解方   71

抗生素抗藥性   74

基因淘金熱   86

從狗身上尋找長壽祕訣   98

返老還童   106

量身打造的精準醫療   108

基因大未來   120

複製羊，後來呢？   122

三親嬰兒將迎來曙光？   132

該拒絕基改食物嗎？   144

生物駭客   154

06

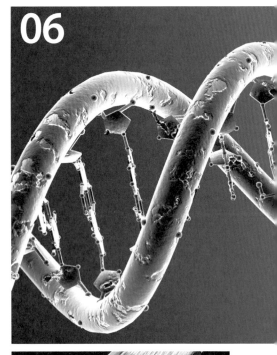

144

108

74

18

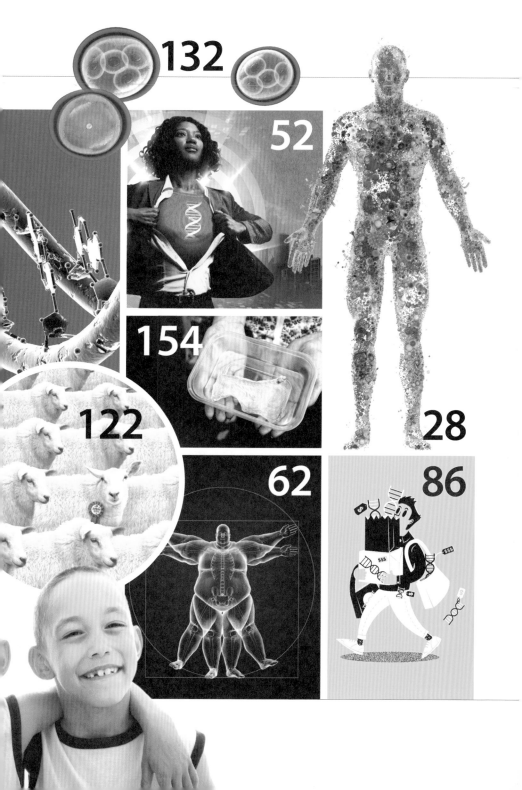

132

52

154

122

28

62

86

玉柱蟲沒有四肢，而且是透過咽喉兩側的鰓裂來呼吸，和我們幾乎沒有相似處，然而人類的基因中有 70% 與玉柱蟲相同

單細胞生物**無恆變形蟲**（*Amoeba dubia*）擁有目前已知最大的基因體：含有 6,700 億個鹼基對，相當於人類基因體（32 億個鹼基對）的 200 多倍

在顯微鏡底下可以看到染色體，但看不到基因

人類 DNA 中，真正含有基因密碼的大約只有 2%，其餘的都不含基因密碼

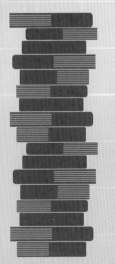

我們的基因中有

99%

與黑猩猩相同

我們每個人的 DNA 長到足以在地球與太陽之間來回 300 多趟

如果將我們基因體的全部 32 億個鹼基以字母代號列印出來並裝訂成冊，這些平裝書疊起來的高度將為

61 公尺

人類基因體序列的第一版草稿於

2003 年完成

基因的祕密

雖然人類擁有相同的遺傳物質，也都從父母處遺傳了特定的性狀，然而在 DNA 序列上發生的重組、缺漏和重複，都讓我們每個人成為獨一無二的個體。世界上不會有人與你一模一樣，除非你是同卵雙胞胎之一，但即使如此，你們也只有在一開始一樣。

DNA 密碼 第 **6** 頁

先天與後天的橋梁：表觀遺傳學 第 **18** 頁

病毒影響人類演化 第 **28** 頁

人體細胞全解密 第 **40** 頁

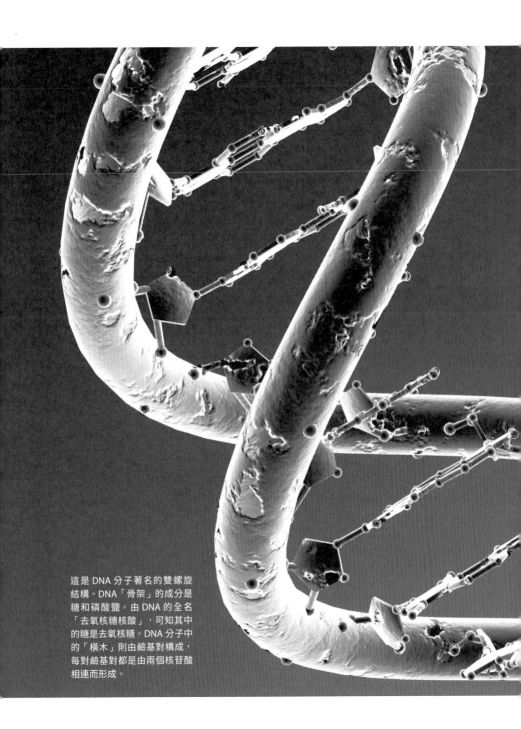

這是 DNA 分子著名的雙螺旋
結構。DNA「骨架」的成分是
糖和磷酸鹽。由 DNA 的全名
「去氧核糖核酸」，可知其中
的糖是去氧核糖。DNA 分子中
的「橫木」則由鹼基對構成，
每對鹼基對都是由兩個核苷酸
相連而形成。

DNA
密碼

自 1950 年代確立了 DNA 的結構，
我們進一步複製動物，也繪製人類基因體圖譜。
它為何成為我們理解生命的關鍵所在？

什麼是 DNA ？

DNA 的全名為「去氧核糖核酸」，位於所有生物每個細胞的重要地帶，帶有生物成長、維持以及修復的全部指令。藉由複製及傳遞 DNA，動物、植物和微生物得以將自身特徵傳給後代。

人類細胞中的 DNA 有一半來自母親，另一半來自父親，所以我們繼承父母雙方的混合特徵。DNA 是相當長又複雜的密碼，每個人的密碼都獨一無二。這個「遺傳密碼」透露許多訊息，包括血統以及潛在的健康問題。

認識關鍵術語

鹼基對
DNA 的構成單位為核苷酸，分為四種，代號分別為 A、C、G 或 T，其中 A 總是與 T 相連形成鹼基對，C 則是與 G 相連。

DNA 定序
這是生物學的重要技術，讓我們能夠「讀取」核苷酸序列。

基因
DNA 上具有特定功能的片段。基因很少只做一件事情，而且常常會與許多基因一同影響單一的生理特徵，例如眼睛顏色或身高。我們同時繼承來自母親和父親的基因。

基因體
一個生物完整的 DNA 序列。人類基因體於 2003 年定序完畢，每個人的基因體都是獨一無二，分析基因體之間的相似度能夠說明我們與其他人的親緣關係。

遺傳疾病
基因體中有一個或以上的異常，導致個體出現問題，這類問題通常在出生時就會出現。遺傳疾病大多相當罕見。

基因改造
改變生物的 DNA，讓它帶有不同特性。例如在農作物的基因體中嵌入另種作物的基因，讓它能抗病蟲害。

一位科學家正在進行 DNA 定序，
以確定核苷酸鹼基對的排列順序。

　　我們對 DNA 的認識徹底改變整個生物學界，這些知識讓科學家能夠判定物種之間的親疏遠近，也有助於證實達爾文的演化論，並使它更臻完美。

DNA 如何運作？

　　DNA 分子結構是幫助我們了解 DNA 如何運作的關鍵。在確立 DNA 結構之前，科學家實在想不透這個緻密的繩狀物如何控制廣泛多樣的特質，諸如人類的髮色或鳥喙的形狀等。

　　1953 年，詹姆斯・華生（James Watson）和弗朗西斯・克里克（Francis Crick）這兩位生化學家，發現 DNA 分子的排列像是非常長且扭轉的梯子，稱為「雙螺旋」結構。DNA 的構成單位稱為「核苷酸」，兩個核苷酸藉由鹼基彼此相連，稱為「鹼基對」。

DNA 梯子上的每根「橫木」都是一對鹼基。這些核苷酸可分為四種：腺嘌呤（A）、胸腺嘧啶（T）、鳥糞嘌呤（G）和胞嘧啶（C），核苷酸 A 一定與 T 相連，G 一定與 C 相連。梯子從頭至尾的字母排列順序相當多變，組成一串非常長的密碼。人類 DNA 的梯子約有 30 億根「橫木」。

現代科技讓我們能萃取細胞中的 DNA，並辨認鹼基對的排列順序，得到由 A、T、G、C 排列而成的一長串字母，除了同卵雙生之外，每個人、每個生物的這串字母密碼都不相同，它就是我們的 DNA 序列，或稱基因體。

在理解 DNA 如何運作之前，我們必須先了解蛋白質。蛋白質分子參與細胞中的許多事務，也協助建構體內許多精細的構造。

蛋白質可分為許多類型，不過它們都是由稱為「胺基酸」的化學構成單位所組成的長鏈。

DNA 形成的遺傳密碼就如同語言，告訴細胞如何打造自己所需的蛋白質。DNA 上每三個字母代表一個胺基酸，不同的字母組合

右上圖為「第 51 號照片」，由英國化學家羅莎琳・富蘭克林（Rosalind Franklin，右下圖）為指導的博士生雷蒙・葛斯林（Raymond Gosling）在 1952 年拍攝，這是 X 光通過 DNA 檢體所造成的影像。一年之後，這張照片幫助了克里克和華生發現 DNA 的雙螺旋結構。這兩位科學家與莫里斯・威爾金斯（Maurice Wilkins）因這項發現，於 1962 年同獲得諾貝爾獎。富蘭克林在 1958 年死於癌症，享年 37 歲。

各有對應的胺基酸，例如「GCA」序列即為丙胺酸這種胺基酸的密碼，「TGT」則代表半胱胺酸。

細胞內的分子機具會「掃描」基因的 DNA 序列，每讀到三個字母，就在胺基酸長鏈末端加上一個對應的胺基酸。DNA 上甚至有代表「停止」的序列，表示蛋白質合成作業結束。

不同的胺基酸組合會形成功能相當不同的蛋白質，包括荷爾蒙這種極小的訊息分子，或是形成毛髮、皮膚和肌肉的重要分子。蛋白質也可做為重要化學反應的催化劑，或是形成小型「機器」於細胞內執行特定任務。

人體內有數十萬種不同的蛋白質，自然界中還有數不清的蛋白質。基因的變異會使細胞製造的蛋白質也產生變異，使這些蛋白質帶有不同的特性。

什麼是基因？

基因是指含有特定蛋白質密碼的 DNA 序列，此蛋白質通常與特定功能或生理特性有關。例如人類的「OCA2」DNA 片段對眼睛顏色有很大的影響。在這些 DNA 片段上出現的變異，會使個體有不同特徵，例如藍眼睛的人與棕色眼睛的人有不同的「OCA2」DNA 片段。

大家常常誤以為一個性狀由一個基因負責，其實這是相當罕見的狀況。通常來說，一個生理性狀受許多基因共同影響。科學家通常利用果蠅、線蟲或小鼠等動物來研究基因的功能，研究方法包括移除特定基因或改變基因的鹼基序列，再研究這些「突變」動物出現哪些異常現象。

我們與其他物種共享 DNA 的比例

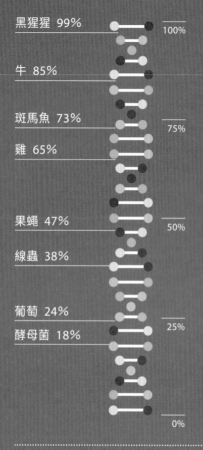

黑猩猩 99%　　　　　　　100%

牛 85%

斑馬魚 73%　　　　　　　75%

雞 65%

果蠅 47%　　　　　　　　50%

線蟲 38%

葡萄 24%

酵母菌 18%　　　　　　　25%

　　　　　　　　　　　　0%

垃圾 DNA

「垃圾」DNA
98%

有用的
DNA2%

我們的 DNA 有多達 98%
「不含密碼」，表示這些片段
不具有基因。

病毒 DNA

「人類」DNA
91%

來自古代病毒的
DNA 9%

我們的 DNA 中多達 9%
來自古代病毒，與我們的
基因體融合在一起。

DNA 的容量

500,000 片 DVD
的資訊只要一克 DNA 就能儲存。

最小的基因體

112,000
個核苷酸
Nasuia deltocephalinicola 這種細菌
擁有目前所知最小的基因體。

DNA 如何複製？

發現 DNA「雙螺旋」結構的同時，也揭露了 DNA 巧妙又簡單的自我複製方式。DNA 雙螺旋在細胞內其他化學物質的協助之下，如同拉鍊般自中間解開雙螺旋。由於 A 總是與 T 配對、G 與 C 配對，因此分開的兩股螺旋各自吸引核苷酸至相應位置，完全複製出對面的那一股 DNA。

這個複製程序非常關鍵，因為細胞會不停分裂及複製。如果 DNA 複製不正確，擁有這些 DNA 的細胞就會收到錯亂指示，可能因此失去控制而不停生長，這通常就是癌症的起因。

什麼是染色體？

動物和植物每個細胞中的 DNA 含量非常多，以致於必須捆成 X 形來節省空間，如此 X 形構造稱為染色體，但細胞仍然能讀取所有重要的密碼。科學家認為，如果沒有捆成染色體，一個人類細

歷史大事記

發現 DNA 及其結構，是理解生命密碼的關鍵金鑰。

1860 年代

孟德爾（見圖）建立了遺傳基本法則，弗雷德里希·米歇爾（Friedrich Miescher）從膿當中的細胞分離出 DNA，他稱這個物質為核素。

1944

奧斯瓦德·艾弗里（Oswald Avery，見圖）、柯林·麥里奧（Colin MacLeod）以及麥克林·麥卡提（Maclyn McCarty）證實 DNA 就是操縱遺傳的物質。

胞中的 DNA 拉直後長度可以超過 1.5 公尺。

　　人類所有的遺傳密碼散布在 23 條染色體上。我們從母親繼承了一套 23 條染色體，自父親繼承了另一套染色體，所以每個細胞都有 46 條染色體。先天帶有過多或過少染色體的人可能會有健康問題，例如唐氏症患者有三條 21 號染色體，而非只有一對。性染色體則不太一樣，有 X 與 Y 之分。男性有 X 與 Y 各一條，女性則是兩條 X。當精子與卵結合後，新的細胞自父母的成對染色體中各繼承一條，湊成 23 對（46 條）染色體，其中可能有兩條 X 染色體（女性）或一條 X 與一條 Y（男性）。細胞中的基因數量和染色體數目會因物種而異，例如蚊子只有 6 條染色體，而名為瓶爾小草（*Ophioglossum vulgatum*）的蕨類則有超過 1,000 條染色體。

　　有少數基因被認為與高智商或極端反社會行為等特徵有關，不過這方面的證據有限。比較有可能的是許多基因共同影響我們的人格，而生命中經歷的事物也會影響腦的運作。

1952

藉由葛斯林（下圖）所拍攝的「第 51 號照片」，幫助克里克和華生發現 DNA 的雙螺旋結構。

1953

華生（上圖左）和克里克推斷出 DNA 結構，二人也因此與威爾金斯同獲得諾貝爾獎。

1972

保羅・伯格（Paul Berg）首次接合兩個不同物種的 DNA，為基因改造以及基改食物打下基礎。

雖然每個人的 DNA 序列都是獨一無二的，不過其中絕大多數的片段與他人甚至動物相同，人類的基因體中約 95％與黑猩猩相同，25％與葡萄相同。

人類個體之間的基因變異非常少。兩個人相比較時，30 億對鹼基中，僅 0.1％有差異，但這些變異造成許多不同的長相。「表觀遺傳學」這個相對較新的領域讓問題更加複雜，越來越多研究顯示，基因在一生中的不同階段，會有不同表現（打開或關上），表示基因的運作方式比我們所想的還要複雜。

是 DNA 促成演化嗎？

DNA 自我複製的能力正是地球上所有生命演化的核心。早期生物 DNA 在自我複製時所出現的瑕疵，會使新生命帶有變異的遺傳密碼，這使每一代在特徵上都出現些微差異。

讓生物具有優勢的特徵比較有可能留下來，傳給下一代。如果

1996

桃莉羊（圖中是牠和小羊）誕生。牠是第一隻經由非胚胎細胞複製而成的哺乳動物，牠的 DNA 與被複製綿羊一模一樣。

2003

耗費 30 億美元、歷經 13 年的「人類基因體計畫」終於完成，也發表了人類的完整基因體。只要支付大約 1,000 美元、等上幾小時，就能得到自己的基因序列。

2015

美國總統歐巴馬宣布了 100 萬名美國公民基因體定序計畫，用以開發個人化醫療用藥以及研究罕見疾病。

生物帶著較不利生存的基因變異，該生物可能會死亡或無法繁殖。

經過幾代之後，優勢的 DNA 序列逐漸繁盛並持續複製下去，而沒那麼好的 DNA 序列則在演化過程中消逝無蹤。

由於每一代中最成功的變異會將它們的基因傳給下一代，地球上的生命變得更加多樣複雜，達爾文稱此現象為「天擇」，當時距離發現 DNA 還有很長一段時間。

利用 DNA 可以做什麼？

DNA 用途非常廣，利用 DNA 可以得知我們的過去、現在與未來：我們的祖先長什麼樣子、應該使用或避開哪些藥物，以及多年之後可能罹患的疾病。DNA 也可以用來做親子鑑定，或利用犯罪現

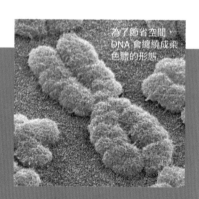

為了節省空間，DNA 會纏繞成染色體的形態。

1. 獨一無二的 DNA
DNA 分子非常長，上面記錄著該生物維持及成長所需指令。所有生物的每個細胞都有該個體獨特的 DNA，這些 DNA 形成相當長的密碼，也就是生物的基因體。

2. 細胞會讀取基因
基因體的某些片段具有特定功能，這些片段稱之為基因。每個細胞會「讀取」記載在這些基因上的密碼，以打造細胞需要的化學物質。

3. DNA 以染色體形式存在
每個細胞中的 DNA 都捆在一起，這形態稱為染色體。我們從父母雙方各繼承 23 條染色體，父母遺傳給我們的染色體決定了我們的外表、易於罹患哪些疾病，甚至是某方面的個性和行為。

紅血球不具有 DNA，
因此法醫必須從白血
球中萃取 DNA。

場找到的微量 DNA 來辨別犯人。

這些只不過是開始而已。DNA 定序已經變得相當容易，成本也大幅降低，過去認為不可能的事情現在已可輕易辦到。現在，科學家能夠針對個人基因組合量身訂做個人化藥物，也著手研究癌細胞的基因體，希望獲得更多資訊對抗癌症。另外還有將新基因嵌入患者 DNA 的基因療法，可以治療遺傳疾病。

將來，生物學家也許能夠創造出新的生物，專門生產對我們有幫助的物質。我們甚至有可能編輯我們後代的基因體，除了確保小孩沒有遺傳疾病之外，也確保他們帶有我們想要的特徵。

湯姆・愛爾蘭（Tom Ireland） 科學記者，亦為英國皇家生物學會的總編輯。
譯者 賴毓貞 高雄醫學大學生物系畢。

先天與後天的橋梁：
表觀遺傳學

飲食、生活方式和環境會影響我們的基因表現，
大大改變了我們對遺傳與演化的理解。

克里克和華生因為在 1953 年發現 DNA 結構而變得家喻戶曉，我們現在對於個體特徵如何代代相傳的認識也是以這項發現為基礎。然而這不是 DNA（或基因體）在唱獨角戲。自 1970 年代起，越來越多人關注「表觀基因體」

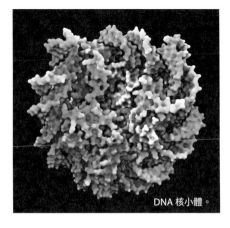

DNA 核小體。

所扮演的角色。表觀基因體是指環境、飲食等因子對 DNA 與 DNA 纏繞的蛋白質所做的微小化學修飾，這些化學修飾的相關研究有些驚人的結果。你的眼睛顏色和膚色取決於你遺傳到的 DNA，但是你的體型可能與你外婆懷著你母親時的生活方式有關。

人類的發育過程很驚奇，由潛力無限的單一細胞開始，最後形成幾兆個分化的細胞。幾十年前，沒有人知道細胞分化之後，DNA 發生了什麼事。當時有項假說是細胞會捨棄它們不再需要的 DNA，例如腦細胞會「失去」帶有血紅素（血中攜帶氧的色素）密碼的基因，肝臟細胞則會丟掉帶有角蛋白密碼的 DNA。

原本任職於英國牛津大學隨後到劍橋大學的約翰・戈登教授（John Gurdon）在 1970 年代推翻了這項理論。他移除了蛙卵的細胞核，

戈登爵士在 1970 年代的蛙卵遺傳學實驗，讓他獲得諾貝爾獎。

表觀遺傳修飾如何在 DNA 的結構上表現，並傳給子女？

細胞裡的 DNA 不是呈現一條長長的分子，而是圍繞著組蛋白捲起來。DNA 纏繞著八個一組的組蛋白，隔一小段再接著纏繞另一組組蛋白。這個過程在每個細胞中會重複幾百萬次，讓直徑只有數微米的細胞核能夠裝入大約兩公尺長的 DNA。

當細胞接收到來自環境的訊號，就會在 DNA 和組蛋白上做微小的化學修飾。這些修飾稱為表觀遺傳修飾，可調控 DNA 的基因表現。這些修飾的種類非常多（尤其在組蛋白上），排列組合令人眼花撩亂，使基因表現有極大的彈性。而且當細胞分裂時，細胞會將表觀遺傳修飾狀態傳給子細胞，因此這些修飾對基因表現的效應會保留下來。

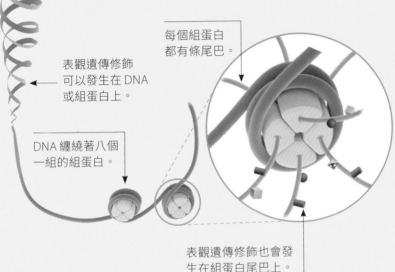

每個組蛋白都有條尾巴。

表觀遺傳修飾可以發生在 DNA 或組蛋白上。

DNA 纏繞著八個一組的組蛋白。

表觀遺傳修飾也會發生在組蛋白尾巴上。

並用成年蛙細胞的細胞核取代，接下來這些蛙卵發育成為蝌蚪，最後長成青蛙。這個實驗證實同一個體的不同細胞皆擁有相同的 DNA。1996 年，英國愛丁堡大學羅斯林研究所的伊恩·**魏爾邁**

（Ian Wilmut）、凱斯・坎
貝爾（Keith Campbell）
以及他們的同事利用成年
綿羊乳腺細胞的細胞核複
製出桃莉羊，證明哺乳動
物也是如此。

表觀遺傳學代表：貓

幾乎所有三花貓都是母貓。橘色和黑色的
毛色基因位於雌性的性染色體，也就是 X
染色體。在早期發育階段，每個細胞中
的表觀遺傳機制會隨機抑制兩條 X
染色體的其中一條造就了母貓
身上的美麗斑紋。

表觀遺傳學的濫觴

2012 年，戈登因為這些
貢獻獲得諾貝爾獎。從他的重
大發現至今幾十年，表觀遺傳學有大
幅進展，跨國的表觀基因體路徑圖計畫（Roadmap Epigenomics
Project）等研究發現表觀遺傳現象背後的機制。這些機制仰賴

經歷 1944 至 1945 年
「飢餓嚴冬」的荷蘭
兒童。荷蘭戰時饑荒
所造成的表觀遺傳效
應至今仍持續著。

DNA 與組蛋白（DNA 纏繞的「線軸」，見 P21）上的微小化學修飾，稱為「表觀遺傳修飾」。

許多酵素能夠在基因體的不同位置添加或移除表觀遺傳修飾，另外有幾百種蛋白質能夠與不同的「修飾組合」結合，改變基因體的運作方式。這些表觀遺傳修飾會因應環境刺激做出改變，讓我們的細胞能夠調整特定基因的表現。因此表觀遺傳學搭起先天（基因體）與後天（環境）之間的橋梁。

有些因環境而產生的表觀遺傳反應在生命早期（比如人類懷孕的頭三個月）就已經建立。舉例來說，第二次世界大戰快結束時，荷蘭部分地區嚴重短缺糧食，有好幾個月當地人所攝取的熱量低於正常的 40％，稱為「飢餓嚴冬」（Honger winter）。這段時期的寶寶在出生時正常，不過成年後有比較高的肥胖以及第二型糖尿病發生率。這是因為在發育早期，他們的基因經過表觀遺傳修飾，使身體能夠充分運用當時得來不易的珍貴養分。如果飢荒持續下去，這樣的表觀遺傳修飾會是項優勢，然而現今社會飲食無虞，這反倒成了問題。

表觀遺傳學讓研究人員能用新的方式探討胎兒期埋下病因的成人疾病，雅方親子長期研究計畫（ALSPAC，自 1990 年代起持續追蹤將近 1.5 萬個家庭）等流行病學長期研究也積極探究這項議題。在生命早期經歷創傷的鼠類會建立神

雅方親子長期研究計畫（亦稱為「90 年代的孩子」）最初給英國西南地區父母的邀請函。

經元的表觀遺傳型態，影響牠們成年時的壓力程度。兒時受虐對於成人時期的精神健康有負面影響，可能也是基於類似的機制。

表觀遺傳學代表：海鱸

哺乳動物的性別是由 Y 染色體是否出現而定，然而歐洲海鱸的幼魚則是由水溫對表觀遺傳修飾的影響來決定牠們的性別。鱷魚也是利用類似的機制，因此氣候變遷可能會擾亂這類物種的性別平衡。

表觀遺傳學與遺傳

我們知道遺傳資訊會從父母傳給子女，那表觀遺傳資訊呢？1980 年代，劍橋大學亞辛‧蘇倫尼教授（Azim Surani）證明表觀遺傳資訊也會傳給下一代。事實上，胎盤哺乳動物若要成功繁衍後代，甚至「需要」適當地將雙親的表觀遺傳資訊傳下去。蘇倫尼在小鼠身上施用體外受精技術，證明只有當卵和精子的細胞核

1996 年複製出的桃莉羊，證明哺乳動物的幹細胞和成年細胞都含有相同的 DNA 訊息。

在卵中融合，才能誕生新生命。如果他使用兩個卵的細胞核或兩個精子的細胞核，即使這兩種組合的基因層次和前述精卵結合的情況一模一樣，但就不會誕生新生命。

研究人員在 Avy（Agouti viable yellow）品系的小鼠身上，發現更多表觀遺傳資訊會由父母傳給子女的證據。這些小鼠可能是黃色體胖、褐色體瘦，或是兩者的中間型。牠們的基因完全相同，體型及毛色差異是因為基因體特定區域的表觀遺傳修飾所造成。這些小鼠的後代看起來大多與父母相似，表示牠們繼承了這些表觀遺傳資訊。不過這項機制並非滴水不漏：有些小鼠和父母長得不一樣，表示表觀遺傳資訊在傳給下一代時仍有模糊空間。外觀不同的後代比例取決於環境刺激，例如給小鼠母親酒精。

所以根據小鼠的研究結果，表觀遺傳資訊會從父母傳給子女，也會受到環境影響。這衍生出另一個問題：因應環境而產生的表觀遺傳反應也會傳給下一代嗎？

傳統的達爾文演化模型將回答「不會」，因為這概念比較像是 19 世紀法國博物學家拉馬克（達爾文主要的競爭對手）提出的理論，認為後天得到的特性能夠傳給後代。不過演化論視為必然的事日漸受到威脅，例如荷蘭「飢餓嚴冬」的相關研究發現，兒時遭遇饑荒而出

表觀遺傳學代表：雙胞胎

即使是有相同 DNA 密碼的同卵雙胞胎也不會完全一模一樣，甚至可能其中一人患有思覺失調症等重症，另一人卻身心健全。這些不一致反映出雙胞胎之間具有表觀遺傳差異，這通常包括對環境產生的反應，以及細胞中表觀遺傳修飾的隨機變化。

何謂天擇？

天擇是由隨機變異（由父母傳給子女的 DNA 序列變化）驅動的過程。如果某個特定變異在普遍的環境條件下具有優勢，帶有該變異的個體就更有機會存活至生育年齡並成功產下後代。

如此一來，這個 DNA 序列就能夠傳承下去，增加下一代中帶有此變異的個體數。這項過程持續了數千年，就會驅動種化程序。即使只持續較短的時間，也可能影響族群發展。例如讓人容易罹患乙型地中海貧血的血紅素基因變異，也讓人較不容易罹患瘧疾。這正是為什麼在希臘和土耳其等過去曾流行瘧疾的國家，乙型地中海貧血最為盛行。表觀遺傳修飾也可能由父母傳給子女。

現的代謝缺陷會傳給未來的子女。

不幸的是，我們實在很難分辨遺傳、表觀遺傳和環境這三者對人類族群的影響。因此為了區分更明確，研究人員又將腦筋動到鼠類身上。

有些實驗證實如果公鼠營養不良，牠們的子代會代謝異常。不過真正震撼學界的是恐懼制約實驗。研究人員訓練公鼠將特定氣味與電擊聯想在一起，經過重複訓練後，公鼠即使只聞到該氣味也會產生恐懼反應。研究人員接著測試受訓公鼠的子代，發現雖然這些小鼠未曾遭受電擊，但也一樣會害怕這種氣味。這些小鼠腦中關鍵基因的表觀遺傳修飾狀態與牠們曾受電擊的父親一樣。

這是否表示達爾文演化論的時代就此結束？當然不是。雖然現在有些表觀遺傳學家自稱為新拉馬克論者，但大多時候卵和精子會受到保護，不會因環境而改變表觀遺傳狀態，而且新建立的表觀遺傳修飾相對只有少數會傳給下一代。就算傳給下一代，這些修飾以及它們造成的作用大多在幾個世代內就消失無蹤。這正如我們所料，因為表觀遺傳變化的本質並不穩定。

表觀遺傳學代表：蜜蜂

女王蜂的身體與其他工蜂相當不同，壽命也是工蜂的 20 倍，不過女王蜂的基因沒有特別之處，只不過是幼蟲時期餵養方式不同，使牠們的表觀遺傳修飾狀態能夠維持女王蜂般的基因表現型態。

不過將表觀遺傳資訊傳給後代，也許在面對暫時的環境變遷時可以提供短期優勢，而不需要改變歷經幾千年演化的基因密碼。某些情況下表觀遺傳修飾會傳承，但在長期的天擇過程中不太可能扮演主要角色。

儘管如此，大家越來越常將現代疾病輕易歸咎於表觀遺傳的傳承，尤其是討論到現代人普遍的肥胖問題。這項領域雖然有趣，但不能以此作為逃避的藉口。影響我們當下健康最重要的因素是你我此刻的作為：沒有人在今年變胖，單純是因為祖父在 1960 年代喜歡甜甜圈！

奈莎・凱利（Nessa Carey）　分子生物學家，著有《垃圾 DNA》（Junk DNA）和《表觀遺傳學革命》（The Epigenetics Revolution）。

譯者　**賴毓貞** 高雄醫學大學生物系畢。

病毒影響
人類演化

許多疾病都是病毒造成的，

舉凡普通感冒到伊波拉和愛滋病。

然而最新研究顯示，

病毒不只會感染人類，

甚至參與了我們的演化……

這些會折磨人類的病毒並不陌生：茲卡、伊波拉、流感，還有老套的感冒。雖然我們一向知道病毒會讓人生病，但是在發現人類已經設法駕馭並馴服這些狡猾的入侵者長達幾百萬年時，仍然感到驚訝。從生命的最早階段開始，一直到我們臉上出現的微笑，病毒對人類其實有著很大的影響。

病毒僅是蛋白質外殼包裹的一串基因（通常是 RNA 分子的形式），基本運作方式大同小異。一旦病毒感染細胞，它會劫持細胞的分子，讓這些細胞機械複製病毒基因，並製造大量病毒蛋白質。這些產物經過組裝之後會形成新的病毒，接著自細胞湧出，尋找其他細胞作為攻擊目標（見 P34 至 35）。

對於流感病毒等大多數的病毒而言，故事就此結束，不過少數更擅長偷雞摸狗的反轉錄病毒（包括 HIV）會偷渡進入我們的 DNA。這些病毒會將自己的基因隨機插入寄主的基因體，蟄伏其中，等到時機成熟再行複製。然而，反轉錄病毒進入寄主 DNA，不一定就此按捺不動，蟄伏的病毒仍然帶有基因指示，細胞中的分子可能「讀取」了這些指示，將病毒基因複製貼上至基因體的其他位置；不斷重複這樣的步驟，很快就累積許多病毒 DNA。

這些病毒 DNA 序列經過數百萬年，可能隨機突變而產生變化，失去它們原本能夠脫離寄主基因體的能力。有些受困於基因體中的「內源性」反轉錄病毒仍能在基因體中跳躍，有些則永遠深陷在它們最後的落腳處。如果在負責製造卵細胞或精子的生殖細胞中發生這樣的跳躍事件，這些跳躍結

果就會傳給下一代，永久成為該生物基因體的一部分。

　　人類基因體約有一半（數百萬個 DNA 序列）可追溯至早已死去的病毒或類似的「跳躍基因」（跳躍基因統稱為跳躍片段，亦稱轉位子）。有些研究人員甚至認為這類情形最多可達 80%，因為現在基因體中古老的序列就如同分子化石一般，可能已經被分解到無法辨認與病毒有何關係。

　　多年來，這些散布在人類基因體中、重複出現的病毒 DNA，有一大部分被歸類為「垃圾」。毫無疑問地，有些重複序列確實是我們基因體中的垃圾，不過當研究人員更仔細觀察各個病毒片段之後，浮現了更為複雜的景象：病毒除了是我們的敵人之外，一些嵌入基因體中的病毒也已成為我們的奴隸。

　　大約 15 年前，美國的研究團隊發現了一種僅在胎盤中活躍的人類基因；它能夠產生融合胎盤細胞的分子，創造融合細胞層這種特殊組織，所以稱之為合胞素（syncytin）。不過奇怪的是，合

人類在演化過程中持續受到病毒感染，
不過伊波拉病毒是不久前才興起的病毒。

胞素看起來非常像反轉錄病毒的基因。後來發現了另一種合胞素基因，它不僅會參與胎盤形成過程，同時可避免子宮內的胎兒攻擊母親的免疫系統，而這個基因也像是來自反轉錄病毒。

雖然人類和其他靈長類都擁有這兩種合胞素基因，然而在其他胎盤中也有類似融合細胞層的哺乳動物，並沒有發現這兩種基因。例如小鼠有兩種合胞素基因，作用和人類版本的基因一樣，不過看起來是與人類合胞素完全不同的病毒。貓和狗都是同一種肉食性祖先的後裔，牠們的基因體也有來自病毒的另一種合胞素基因。

顯然這些哺乳動物在幾百萬年前受到某些病毒的感染。隨著時間過去，這些病毒受到控制，而在胎盤生長中扮演著重要角色，也成為我們基因體的一份子。有趣的是，豬和馬的胎盤並沒有這樣的融合細胞層，牠們也不具有任何看起來像是源自病毒的合胞素基因，也許牠們從未被這些融合病毒感染過。

合胞素的例子顯示，在我們全盤接受病毒基因之後，轉而讓它們聽從我們的命令行事；此外還有其他例子告訴我們，古老的病毒序列如何影響今日人類的基因活動。回到 1950 年代，長期受到忽視的美國遺傳學家芭芭拉‧麥克林塔克（Barbara McClintock），歷經千辛萬苦的詳盡研究後，發現「跳躍基因」會影響玉米植株的基因體。潛伏在人類基因體中的內源性反轉錄病毒就像麥克林塔克在玉米中發現的跳躍基因一樣，已在人類基因體隨機跳躍了數百萬年，並活化相鄰的基因。

我們的細胞為了阻止這些病毒片段繼續跳躍，投入了大量能量，

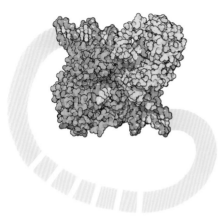

「剪下貼上」轉位酶的其中兩個分子（藍色和紫色）抓著 DNA 轉位子（粉紅色）的游離端，準備要將它插入基因體中的新位置。

麥克林塔克是最早在玉米中發現「跳躍基因」作用的科學家。

細胞利用化學記號（稱為表觀遺傳標記）來標定並封鎖它們。然而，當病毒片段移動時，這些分子靜默子（silencer）也會隨之移動，因此靜默子對病毒序列的影響也會擴及病毒片段落腳處旁邊的基因。

另外，病毒上有許多 DNA 序列能夠吸引特定分子前來，進而啟動基因，在一個具有功能的反轉錄病毒片段中，這些「開關」序列會活化病毒基因，恢復病毒的感染能力。不過，當一段類似病毒的序列被剪接至基因體的另一個位置時，這種基因開關的特性最終可能造成一團混亂。

2016 年美國猶他大學的科學家發現，人類基因體中有種內源性反轉錄病毒（約在 4,500 至 6,000 萬年前感染我們的祖先）在偵測到干擾素分子（警告身體遭受病毒感染的信號）時，會啟動 AIM2 基因。接下來 AIM2 會迫使受感染的細胞自我毀滅，以避免感染情況擴散。這些古老病毒

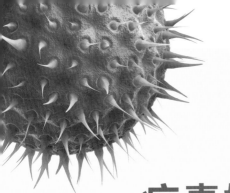

病毒如何運作

病毒 蛋白質	病毒 基因	反轉 錄酶	細胞 機械	寄主細胞的 DNA

大多數病毒（例如流感病毒）

感染

病毒感染寄主細胞之初，它的保護性蛋白質外殼會分解，並釋出病毒基因。

劫持！

病毒會接管細胞中製造基因和蛋白質的細胞機械，讓他們複製病毒的基因，以及製造病毒蛋白質。

複製

新的病毒在寄主細胞中組裝，最後它們會突破細胞，尋找可以感染的新寄主。

反轉錄病毒（例如 HIV）

感染

病毒感染寄主細胞。它的蛋白質外殼分解後將病毒基因（為 RNA 形式，是類似 DNA 的分子）釋入細胞。

插入

病毒 RNA 在細胞中利用反轉錄酶（一種酵素）將 RNA 反轉錄為 DNA，這段 DNA 會插入寄主的遺傳物質。

複製

一旦插入細胞的 DNA 之後，病毒會利用細胞機械製造更多的病毒蛋白質和 RNA，並在細胞表面組裝新病毒。

轉位子（跳躍基因）

製作

反轉錄病毒嵌入細胞 DNA，製作出病毒RNA。

插入

接著反轉錄酶將病毒 RNA 反轉錄為病毒DNA。這段病毒 DNA 再插入寄主 DNA 的其他位置。

其他方式

並非所有轉位子都需要製作 RNA，有些轉位子能夠以 DNA 形式利用「剪下貼上」或「複製貼上」的方式，在基因序列上移動。

現在已經變成「反間諜」，幫助人體細胞對付嘗試攻擊我們的其他病毒。

另一個影響人類的病毒位於 PRODH 基因附近，PRODH 表現於人類腦細胞，尤其是海馬迴的細胞。對人類而言，PRODH 基因是由死去的反轉錄病毒形成的開關所活化；黑猩猩也有 PRODH 基因，但牠們腦中的 PRODH 活性遠不如人類。其中一個可能是，在數百萬年前一名人類祖先體內，一個古老病毒的複製片段跳躍至緊鄰 PRODH 的地方，但這樣的現象並未發生在現代黑猩猩的遠古靈長類祖先身上。現今醫學界認為，若 PRODH 出問題，會造成一些腦部疾病，因此 PRODH 極有可能會影響人腦中的連結網絡。

同理，人類和黑猩猩在基因開關上的變異，造成兩者在子宮發育階段形成臉部的細胞有所差異；雖然我們的基因幾乎與黑猩猩一模一樣，但外表看來顯然不同，因此這些差異必定源於控制開關。從 DNA 序列上來看，形成我們臉部的細胞中，許多活化的開關看似來自病毒，它們一定是在人類演化過程的某個時間點跳躍到這個位置，促成我們現在較不立體的臉孔。

馴服病毒

科學家除了尋找影響人類生命科學的死去病毒之外，也在尋找控制這些病毒效果背後的機制。其中的罪魁禍首就是 KRAB 鋅指蛋白（ZFP），這些特殊的靜默分子會抓住基因體的病毒序列，並將它們釘在原處。瑞士洛桑大學迪迪耶・左諾教授（Didier Trono）和團隊在人類基因體中發現了超過 300 種 KRAB ZFP，其偏好的病毒 DNA 各不相同。一旦它們到達鎖定的病毒 DNA，便會協助召集

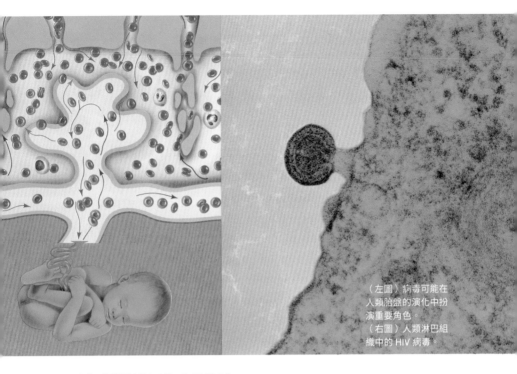

（左圖）病毒可能在
人類胎盤的演化中扮
演重要角色。
（右圖）人類淋巴組
織中的 HIV 病毒。

可開啟或關閉基因的分子機械。

「KRAB ZFP 一直被認為是內源性反轉錄病毒的『殺手』。」左
諾說，「其實它們是這些片段的開發者，讓寄主生物能夠挖掘潛
藏在這些病毒序列中的寶藏。」

左諾和團隊相信，主動傷害寄主的病毒序列與馴化成為控制開
關的病毒序列，兩者之間遺失的環節就是 KRAB ZFP。他們的研究
證據顯示，這些蛋白質以類似「軍備競賽」的形式與病毒片段一
同演化：一開始是壓制這些病毒，最終則以絕對優勢凌駕其上。「我
們認為這些蛋白質是在馴服這些片段。」左諾說，「這過程不只
是確認這些病毒會乖乖不動，還要轉為對寄主有益；藉由馴化，
這些片段得以在所有細胞中以及所有情況下，以非常精細的方式

調節基因活性。」

後來左諾的團隊在不同類型細胞中，發現了另一群活化的 KRAB ZFP，也在不同物種中發現特定型態的 KRAB ZFP，這些都為上述理論提供了證據。如果 KRAB ZFP 只是為了壓制病毒，應該所有細胞都是同一套 KRAB ZFP；此外，為什麼這些蛋白質會與幾千種早已死去的病毒片段結合？畢竟壓制一個已經死去的反轉錄病毒完全沒有意義，因此，它們在控制基因活性上一定扮演著重要角色。

雖然左諾的想法有爭議：他將 KRAB ZFP 視為奴役病毒的力量，這股力量讓這些片段執行宿主的命令，並將它們轉變為控制基因的開關。經過數百萬年，這樣的機制可能成為創造新物種的強大推手。假設有個病毒持續在某隻遠古動物體內隨機跳躍，但其他同種動物並沒有這樣的現象，接下來該病毒隨著時間被 KRAB ZFP 馴化並創造了新的控制開關，便可能對動物的外觀或行為有顯著的影響。此外，這些跳躍基因在環境變化期間會變得更加活躍，隨著環境越艱困，生物必須找到新的方式適應環境，否則就會死亡。活化這些跳躍基因會將基因體重新洗牌，創造新的基因變異，為天擇提供大量的資源，使天擇得以繼續運作。

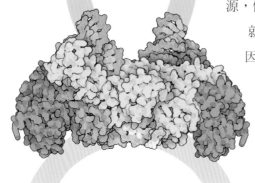

就演化而言，這些困在人類基因體的病毒顯然為我們帶來極大好處，但它們也不全然有幫助。大約每 20 名人類新

HIV 嵌合酶能夠將 HIV 自身的基因插入寄主細胞的 DNA 中。

生兒中，就有一名出生時體內有新的病毒「跳躍」
至基因體的某處，這可能會關閉重要基因，也可
能造成疾病。越來越多證據顯示，轉位子的跳躍會
造成癌細胞作亂。也有令人驚訝的研究指出，位於腦細
胞的跳躍基因特別容易再度活化，一方面可能增加神經細胞多樣
性並強化我們的腦力，不過也可能造成思覺失調症或是與老化相
關的記憶問題和症狀。

　　那麼這些在我們 DNA 中的病毒到底是朋友還是敵人？美國紐約
大學醫學院研究轉位子的博士保羅・米塔（Paolo Mita），認為兩
者皆是，「如果以人類的一生來看，我叫它們『損友』，因為若
它們移動了，非常有可能造成負面影響。簡言之，就是我們的敵
人。」他解釋，「相反地，如果把時間拉長，這些片段就是強大
的演化動力，而且它們至今仍在人體內活動。演化不過是生物因
應環境變化的方式，從這個角度來看，它們無疑是我們的朋友，
因為有了它們的作用，才有我們今日的基因體。」

　　那 HIV 等等至今仍會感染人類的病毒，將來可能影響人類演化
嗎？「當然！為什麼不會？」米塔笑道，「不過那要經過許多世代，
直到我們回頭確認演化事件的發生為止。但你還是可以在基因體
中看到內源性反轉錄病毒和寄主細胞之間軍備競賽的遺跡，這是
持續不斷的戰爭，而且我不認為會有停止的時候。」

凱特・亞尼（Kat Arney）　科學作家和 BBC 線上廣播節目《科學新發現》（*The Naked Scientists*）的主持人，著有《人體編碼》（*How To Code A Human*）。
譯者　**賴毓貞** 高雄醫學大學生物系畢

人體細胞全解密

2003 年科學家完全解碼人類的三萬多個基因後，
又有項遠大的計畫，
希望繪製出人體約莫 30 兆個細胞的分子特徵圖譜。

　　描繪人體圖譜是生物學界早期致力發展的項目之一。西元 2 世紀，貝加蒙（曾是中東最富饒又強盛的地區）的哲學家暨外科醫師蓋倫（Galen）藉由研究受重創的羅馬鬥士，撰寫了多本醫學教科書，其知識帶領解剖學長達一千多年，直到法蘭德斯（今比利時西部）的安德烈·維薩留斯醫師（Andreas Vesalius）提出更精準的研究成果。然而，一直到維薩留斯去世後一個世紀（17 世紀中期），第一台真正的顯微鏡問世之後，好奇的科學家才能夠開始研究建構我們組織和器官的細胞。

　　如同物理學家研究原子裡的微小粒子，可以了解宇宙的運作方式，生物學家也發現，放大檢視每一個細胞，可以讓我們對人體有

新的見解。這很長一段時間屬於病理學家的範疇，他們研究細胞和組織的生理外觀，還有少數幾種分子標記。由於新科學領域——單細胞基因體學相當激勵人心，因此有了「人類細胞圖譜計畫」（HCA），目的是製作人體終極目錄，繪製出每個細胞的精細圖譜，最後也許會徹底翻新我們對健康和疾病的認識。

細胞科學

科學家早就知道不同器官的細胞外觀和行為各有特色，例如球狀的免疫細胞會在一旁待命，辨識感染源；張牙舞爪的神經細胞則是利用許多分支連結其他細胞。無論如何，每個細胞擁有同樣的基本指令：人類基因體的 DNA 密碼。然而每種細胞受到活化的基因組合各不相同，讓細胞各有差異。基因活化後，會製造分子訊息（RNA）。由於特定的細胞種類有特定的基因活化型態，只會製造出特定組合的 RNA，這些 RNA 組合可以作為「分子指紋」。

研究人員數十年前就能夠測量不同類型細胞的基因活性（稱為基因表現），他們打破幾百萬個細胞，分析不同的 RNA，並得知哪些基因為啟動狀態，哪些為關閉狀態。

然而這些實驗數據來自數百萬個細胞的平均值，無法得知每個細胞之間的差異。這就好像從遠方觀察一群人，只會看到一團模糊不清的景象，無法明確指出每個人穿什麼顏色的衣服。不過由於近期技術進展，我們已經可以檢視單一細胞中的基因活性。

人體通常具有約 30 兆個細胞，雖然一般認為細胞約有 200 種，不過更詳細的分子分析顯示，遠遠不止於此。難道肝臟中的每個細胞都一模一樣？還是因為我們只能測得它們的平均值？那腦中

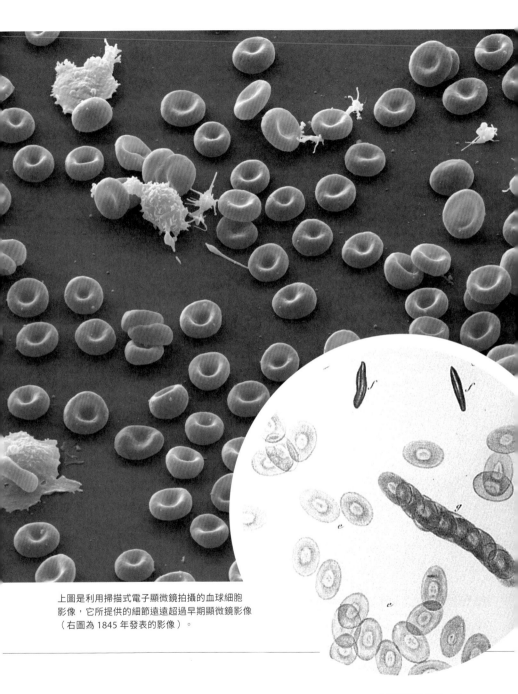

上圖是利用掃描式電子顯微鏡拍攝的血球細胞
影像，它所提供的細節遠遠超過早期顯微鏡影像
（右圖為 1845 年發表的影像）。

的幾十億個神經元，以及大量的免疫細胞呢？這些問題就是 HCA 的起點，最終希望能繪製出數十億個人體細胞的基因表現圖譜。

故事起點

這個想法起源於 2012 年，當時遺傳學家莎拉·泰克曼（Sarah Teichmann）來到英國惠康信託桑格研究院成立研究小組，研究小鼠免疫系統中每個細胞的基因活性。在與新同事喝咖啡、聊天時，她意識到自己的技術也許能夠解決更大的難題。

「雖然顯微鏡已經問世好幾個世紀了，我們依然還沒完全了解身體的各種細胞。」她說，「到了桑格研究院之後，我們開始腦力激盪，這其實有點像空口說白話，因為科技還沒發展到那個地步。不過我們當時想，如果未來能夠將人體『原子化』，也就是能檢視一個個細胞，不知道會發生什麼事。當然，你不會真的把一個人分割成一個個細胞，不過我們認為可以從許多人身上採集一小塊檢體，拼出一個泛用圖譜。」

由於這項計畫需要分析數兆個細胞，因此無法僅由一間實驗室

單細胞基因體學如何運作？

為了測量單一細胞的基因活性，你需要分離細胞中的 RNA，也就是當基因處於開啟狀態時製造的分子訊息。將這些訊息的序列與全基因體（每個細胞都具有一份完整 DNA）比對之後，就能夠得知特定細胞何時會表現哪些基因。

1 利用高功率的聚焦雷射光束、酵素或其他技術，將組織檢體分離成一個個細胞。

2 打破細胞，讓它釋放出 RNA 訊息。

或是單一機構勝任。不只泰克曼和同事很快意識到，美國麻州布洛德研究所著名的阿薇芙・瑞格夫博士（Aviv Regev）等人，也有一樣的想法，於是他們創辦了由單細胞狂熱者組成的國際聯盟，成員包括遺傳學家、分子生物學家、外科醫師和機器學習專家等等。這個團隊目前已著手研究四種人體組織：腦、免疫系統、上皮組織（襯於器官和血管表面的組織）以及胎兒和胎盤細胞。此外也編排了健康人體的細胞目錄，這是 HCA 相當重要的部分，將有助於了解當我們生病時，細胞活性如何變化，因此癌細胞也名列優先進行的項目（見 P46）。

機器研究員

由於人類細胞圖譜規模龐大，需要相當精準的分析，因此無法只靠人力。為了更加了解 HCA 使用的技術，我拜訪了史蒂芬・勞倫茲博士（Stephan Lorenz），他領導桑格研究院的單細胞基因體學研究機構，HCA 大部分的工作是在這個機構進行的。

他帶我參觀了幾個大房間，裡面滿是巨大的櫃子，其中有一系

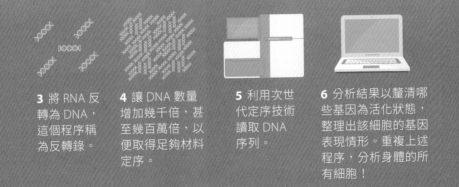

3 將 RNA 反轉為 DNA，這個程序稱為反轉錄。

4 讓 DNA 數量增加幾千倍，甚至幾百萬倍，以便取得足夠材料定序。

5 利用次世代定序技術讀取 DNA 序列。

6 分析結果以釐清哪些基因為活化狀態，整理出該細胞的基因表現情形。重複上述程序，分析身體的所有細胞！

引人注目的細胞

人類細胞圖譜計畫首要關注的五種細胞……

人類細胞圖譜計畫首要
關注的五種細胞……

腦

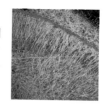

腦也許是人體內最複雜的器官，由超過 860 億個神經細胞（神經元）組成。研究團隊希望藉由繪製腦中所有不同細胞的基因表現圖譜，了解神經元如何分布以及如何與其他細胞連結，並了解哪裡出了問題會造成精神疾病和神經退化疾病。

免疫系統

光是免疫系統就有幾百種細胞，分別在發現與因應感染或疾病時，扮演不同的角色。分析每一種細胞將可以得知免疫系統迅速啟動時發生的變化，也將更加了解自體免疫疾病和過敏的成因。

上皮細胞

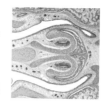

上皮細胞是最多變的細胞之一，會形成人體器官的內襯，從消化管到肺臟中嬌嫩的肺泡，都襯著一層上皮細胞。如果我們清楚上皮細胞如何扮演這些變化多端的角色，將能夠解釋器官如何生長以及癌症等疾病如何影響我們的器官。

胎盤和胎兒

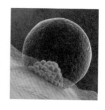

研究這些組織將可得知我們在子宮的發育過程，以及如何發展出可提供氧氣和養分的健康胎盤。我們將可從中獲得重要線索，藉此了解先天發育缺陷的寶寶是哪裡出了問題。

癌症

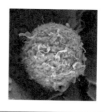

研究人員希望藉由分析單一癌細胞中的基因活性，找出是哪些變化造成腫瘤生長及擴散。他們也在尋找線索說明這些討厭的細胞如何產生抗藥性，目標是找到能夠避免治療後再度復發的方法。

列處理液體的高科技自動化機械，用以製備及處理單細胞樣本，只有兩名人員在場監督。其中一台令人印象深刻的機器是聲波採樣器，利用聲音脈衝精準地將微小液滴等量分離至一個個塑膠盤中；還有一台機器可以在 90 分鐘內處理超過 1,200 個樣本。

「近年有許多技術讓我們能夠測量這些單細胞中的微量 RNA。」他說，「我們現在可以知道細胞如何『思考和感受』以及看到單細胞的『想法』。檢視細胞裡的訊息讓我們能夠推敲細胞的功能，以及細胞的身分。」甚至能夠看到免疫系統對抗感染時，某個細胞的活性變化；或者觀察細胞分裂時，哪些基因處於啟動或關閉狀態。

然而 RNA 訊息並非決定細胞身分的唯一條件。RNA 帶有製作蛋白質的指令，而蛋白質可形成細胞內部的物理結構，以及在體內執行生物功能（例如胃裡的消化酵素或皮膚和毛髮上堅硬的角質素蛋白）。勞倫茲和同事正在研發可以分析單細胞中所有蛋白質的方法。

分析單細胞內所有 RNA 的時間一直在縮短。因此比起分析所有細胞，更大的挑戰也許是如何處理我們得到的資料：每個細胞需要定序大約 85 萬條訊息，還要乘以數百萬個細胞，資料累積速度相當驚人。

為了協助解決這個問題，臉書創辦人馬克・祖克伯（Mark Zuckerberg）及其妻普莉希拉・陳（Priscilla Chan）創立的陳祖克伯行動方案，提供資金給人類細胞圖譜聯盟，供其發展能夠妥善處理定序之後大量湧現的資訊，及呈現的方法。

製作出來的圖譜必須可以搜尋而且方便使用，這樣才是對科學

桑格研究院的實驗室，
大量人類細胞圖譜相關
研究會在此處進行。

家有意義的資源。雖然泰克曼還不知道將來會如何呈現這些資料，
不過她有個有趣的想法，「我們戴上虛擬實境裝置，就能夠看到
一個虛擬人體，以便指出我們想要觀察的部分。」

描繪未來

這項雄心萬丈的計畫於 2016 年 10 月開始，泰克曼認為，「草
圖大約需要分析 3,000 萬到 10 億個細胞。」她解釋，「過去 8 年來，
分析每個細胞所需的費用呈指數下降，每次實驗所能處理的細胞
數量則呈指數上升。如果持續下去，我們的前景一片看好。」

除了滿足對於自身組成的科學好奇心，泰克曼認為這個圖譜資
源可能對生物醫學研究也有許多好處，例如研發新藥的線索，或

者發現可用以診斷或監測疾病的生物分子標記。最終她希望未來能夠藉此了解基因和健康之間的基本關係，例如她提到，CFTR 基因產生有害的變化（突變）時，會造成囊腫性纖維化，影響肺臟和其他器官。

「我們知道 CFTR 會在肺臟中活化，不過事實上身體其他部位也會表現 CFTR。因此你可以在人類細胞圖譜中檢索，找出這些細胞，了解為什麼 CFTR 突變時會出現問題。」她解釋，「或者你想知道一種針對某個基因產物的藥物，會產生什麼副作用。你可以搜尋人類細胞圖譜，看看哪些器官、組織和細胞中會表現這個基因，接著推測可能會有哪些副作用。」

若是能夠了解許多疾病的成因，快速找出是體內哪些細胞和分子不正常，將可幫助醫師更快診斷疾病、選擇最適合的療法，減少這段過程中的猜測。

泰克曼團隊視人類細胞圖譜為基礎資源，最終將對生物學和醫學帶來幾乎全面性衝擊。或許我們可以稱它作「人類基因體 2.0」。

「這個我喜歡！」她笑道，「人類基因體計畫是辨識 DNA 序列上的密碼，而人類細胞圖譜則嘗試釐清這些序列到底有什麼意義，以及這些基因密碼如何組成人體？這一切真的太令人興奮了！」

編注：2020 年，中國浙江大學醫學院郭國驥團隊宣布首個人類細胞圖譜繪製成功，並於國際期刊《自然》上發表。

凱特・亞尼（Kat Arney） 科學作家和 BBC 線上廣播節目《科學新發現》（*The Naked Scientists*）的主持人，著有《人體編碼》（*How To Code A Human*）。
譯者 **賴毓貞** 高雄醫學大學生物系畢

大約每 **180** 名 **新生兒**中就有一人先天帶有染色體異常

女性若遺傳到一個有害突變版本的 BRCA1 基因，或一個有害突變版本的 BRCA2 基因，在 80 歲前罹患乳癌的機率分別為 72 ％和 69 ％

全球有 **1,500 萬** 人罹患視網膜色素病變，如今已有基因療法可以治療這種會造成失明的遺傳疾病

據估計，醫師開立的癌症藥物中，可能高達 **75%** 其實對患者一點用都沒有

下一個「超級細菌」可能是

腸桿菌科

（*Enterobacteriaceae*）

感染這些細菌的致死率最高可達 50 ％

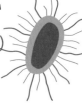

XX 唐氏症是因為**第 21 對**染色體多了一條

如果父母分別帶有一個某一病症（例如囊狀纖維化）的有害版本基因，他們的小孩有 25% 的機會罹患該病症，有 50% 的機會成為隱性帶因者（帶有突變基因）

已知有超過 **100** 個基因與肥胖有關

基因與健康

良好的飲食習慣與定期運動雖然有助於保持健康，卻沒辦法讓人完全不生病。早在出生之前，我們的基因裡就已經寫有許多病症的啟動密碼，無論再健康的生活方式，都沒辦法阻止密碼啟動……不過已有科學家正在研究如何破解這些密碼，其研究成果也許有助於治療甚至治癒這些病症，當中也包括了專為患者量身訂製的醫療新方法。

你是天生的超級英雄嗎？ 第 **52** 頁

肥胖都是基因惹的禍？ 第 **62** 頁

失明治療新解方 第 **71** 頁

抗生素抗藥性 第 **74** 頁

基因淘金熱 第 **86** 頁

從狗身上尋找長壽祕訣 第 **98** 頁

返老還童 第 **106** 頁

量身打造的精準醫療 第 **108** 頁

你是天生的
超級英雄嗎？

有研究透露，
在我們當中有少數的「超級英雄」，
與生俱來的 DNA 讓他們對重大疾病免疫。
現在我們要做的，
就是把這些超級英雄找出來！

現在到處都是超級英雄，他們在電影、漫畫和電視節目裡伸張正義、拯救地球，或是毫無意義地彼此打鬥。不過像超人克拉克·肯特（Clark Kent）一樣，隱姓埋名，和凡人一同生活，當有人需要他的協助時，才會變身，我們的身邊也存在著「基因超級英雄」，然而他們大多完全沒有意識到自己具有超能力。直到今日，在科學家分析了數千人的 DNA 之後，才發現這些英雄的隱藏身分。

荷蘭格羅寧根大學的西斯卡·維奇曼加博士（Cisca Wijmenga）和她的團隊從來就沒有打算要尋找超級英雄，他們當時進行的計畫雖然重要卻很無聊：判讀 250 個荷蘭家族的 DNA，以建立荷蘭人基因的基本組成資料庫。而後續的研究轉而探討基因變異和基因缺陷（突變）與疾病之間的關係，這有助於分辨變異或突變的基因是否與疾病有關，或者不過是荷蘭人特有DNA的一部分而已。

隨後，研究團隊就發現了基因超級英雄。有兩位看起來完全不像英雄的 60 多歲人士，均帶有兩套具缺陷的 SERPIN A1 基因（人類每種基因通常有兩套，一套來自母親，另一套來自父親）。正常情況下 SERPIN A1 會製造有助於保護肺內支氣管和肺泡的蛋白質；如果沒有這些蛋白質，嬌嫩的肺內構造就會開始分解，到了 30 至 40 歲便會出現嚴重的呼吸問題。然而這兩位人士活到 60 多歲卻沒有任何類似的肺部症狀。

圖中藍色蛋白質的製造藍圖即為 SERPINA1 基因，此蛋白質可阻斷特定酵素（綠色）的活性。如果 SERPINA1 基因出錯，體內的結構就會瓦解。

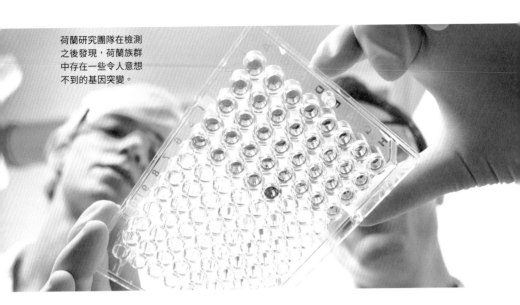
荷蘭研究團隊在檢測
之後發現,荷蘭族群
中存在一些令人意想
不到的基因突變。

　　此外,維奇曼加也舉出資料中的其他例子,有 177 人照理說應該罹患假性軟骨發育不全的遺傳疾病(此疾病會使人身材矮小,且造成關節疼痛),然而他們大多數仍好端端的。這類例子還有 Wolfram 症候群(高血糖、喪失視力和聽力)、威爾森氏症(肝臟問題和精神疾病)、尼曼匹克症(孩童時期即出現神經和生長問題)等等。數百名帶有基因缺陷的荷蘭人,仍日復一日地健康過日子。

　　英國倫敦瑪麗王后大學的大衛‧馮希爾教授(David van Heel)和其團隊做的類似研究,結果在 2016 年 3 月出爐,他們研究了 3,200 多名住在倫敦東部巴基斯坦裔英國人的 DNA,發現其中 38 人的疾病相關基因帶有缺陷或缺失,然而他們當中,多數人仍健康無虞。在巴基斯坦社群中,血親聯姻的比例很高,因此後代較容易遺傳到兩套均帶有疾病風險的基因。然而,雖然社群中遺傳疾病的發生率確實比較高,但也未如預期般那麼高。

同樣地，2015 年針對與世隔絕的冰島族群所進行的基因研究指出，將近 8％的冰島居民帶有兩套均為「不良」版本的致病基因，然而其中許多人完全沒發病。

真正的超級英雄

接著 2016 年 4 月有個大消息，一篇報導介紹一項針對超過 50 萬人基因組成的研究分析結果，標題是「13 位匿名的基因超級英雄就在你我身旁」。這是由一群美國研究人員進行的「韌性計畫」（Resilience Project），他們發現少數幸運的傢伙，雖然帶有足以罹患嚴重疾病的基因突變，但不知為何依然非常健康。

由美國紐約西奈山伊坎醫學院的陳榮博士（Rong Chen）以及艾瑞克‧沙德博士（Eric Schadt）和史蒂芬‧弗蘭德教授（Stephen Friend）領導的研究團隊搜尋含有個人 DNA 資訊以及其疾病紀錄的全球性資料庫。他們將焦點放在好發於兒童時期的遺傳疾病，即外顯率高的孟德爾遺傳疾病，只要遺傳到的兩套基因均帶有缺陷（甚至只要一套），就足以發病。

一開始，陳博士著眼於大約 1.5 萬名可能是英雄的人，這些人在與

尼曼匹克症會使脂肪中的鞘磷脂累積於體內，如圖中骨髓所示。在荷蘭的研究中，有些人帶有尼曼匹克症的基因，然而似乎並未發病。

160 多種嚴重疾病有關的 200 個基因中，個別帶有致病性的突變。進一步分析之後縮減為 300 人，最後有強烈證據顯示，研究所選擇的八種遺傳疾病中，具有抵抗力的人剩下 13 位。

有三位對會嚴重影響肺臟等器官的囊腫性纖維化具有抗性；另有三位帶有的基因缺陷理應會造成骨骼嚴重異常（骨發育不全症），然而他們卻不受影響；有兩位的 DHCR7 基因上有突變，通常會造成嚴重影響發育的史密斯－藍利－歐比司症候群，但他們卻對此免疫；另有五位遺傳到超能力，則讓他們分別能夠抵抗一些與腦部、骨骼、皮膚或免疫相關的疾病。

等待英雄降臨

令人喪氣的是，這些超級英雄的身分是個謎，由於這些是匿名資料，而且「韌性計畫」並未取得聯絡資料庫中各個來源者的許可，因此無從追蹤也無法進一步研究。這也讓其他人質疑這項研究結果：畢竟過程中有可能資料錯置（在這類大規模計畫中並不少見），或者這些人其實有發病，只是症狀輕微（或者嚴重到致死的症狀）。

當然還有其他問題，最大的疑慮就是資料庫本身。這個資料庫中列出了所有已知與疾病有關的基因缺陷，這使得維奇曼加傾向於懷疑實驗中，她找到的許多超級英雄候選人之能力。

「這些全都是致病基因，不過有些是荷蘭族群中常見的基因，所以你會感到疑惑，到底它們真的是突變，還是只是當時剛好被收入資料庫中，但其實不會造成疾病。」她說，「其中有些突變出現在大約 90％ 的人身上，這實在沒道理，如果它們真的是突變，應

當孩子從父母分別遺傳到特定基因的突變版（紅色），則會出現囊腫性纖維化的症狀。

基因突變如何發生？

突變會改變其所攜帶的蛋白質密碼，而影響製作出來的蛋白質活性高低，甚至造成疾病。例如當 BRCA2 基因發生突變，會增加罹患乳癌的風險。突變可能經由遺傳，或是發生在卵和精子的製造過程中，也可能發生在受精卵時期。

我們體內每種基因都有兩套，分別來自雙親，兩套基因不必然一模一樣。科學家發現數百種疾病是因為單一種基因有缺陷所引起的，其中隱性突變需要遺傳到兩套缺陷基因才會發病，顯性突變則是遺傳到一套缺陷基因就會發病，這些疾病統稱為孟德爾遺傳疾病，以首位訂定性狀遺傳規則的葛雷格‧孟德爾（Gregor Mendel）命名。隱性突變通常會破壞基因功能，因此只遺傳到一套突變基因的人不會受到影響，因為另一套健康基因能補償受到的破壞。不過即使遺傳到兩套隱性或一套顯性的孟德爾遺傳疾病基因，也不一定會生重病，基因超級英雄就是這種極端的例子，雖然帶有「不良」的基因缺陷，依舊保持健康。

該相當罕見才對。這些都告訴我們，資料庫可能沒有那麼完美。」

　　儘管如此，還是有證據顯示現實中真的存在基因超級英雄。雖然無從得知第一項階段「韌性計畫」中超級英雄的身分，不過下一階段的研究肯定會讓第二代英雄備受矚目。他們打算招募 100 萬名自願者，從中尋找超級英雄，並釐清他們的超能力來源，以了解如何永續運用這些超能力。

　　「現階段說這些，稍嫌狂妄自大。」被請來領導這項研究、哈佛大學個人基因體計畫創辦主任傑森・波布（Jason Bobe）解釋，「就好像你還沒寫出一首膾炙人口的歌曲，就宣稱你的唱片有白金等級的銷售量；而且要募集如此大量的自願者是相當嚴峻的挑戰。」

　　自願者必須透過互動式應用軟體報名，並且簽署同意書及填寫問卷，就像是遺傳學版本的臉書，隨著時間推進，這將成為前所未有、最雄心壯志的基因研究計畫。他打算尋找三種人參與這項研究，第一群波布感興趣的人，是具有抗病能力且經合理推測可能為超級英雄的人，有的甚至已經證實就是超級英雄。

　　「例如，我們發現有個人的家族具有強烈早發性阿茲海默症的病史，只要一個基因突變就會發病，患者發病之後通常活不過 10 年。這位人士有 12 名家人死於這項疾病，他現在已將近 70 歲，認為自己躲過了這場遺傳浩劫。」波布解釋，「因此他參加一項檢驗，並且很訝異原來自己也帶有相同的致病基因。接著問題來了──他到底有何過人之處？為什麼他是如此幸運？」

★ ★ ★ ★ ★ ★
徵求英雄

「韌性計畫」招募自願者，以評估其對遺傳疾病具有抗性的機率。請造訪 resilienceproject.com 了解更多相關資訊。

波布也想吸引沒有理由認為自己是超級英雄的人，他們就基因而言是普通人，沒有強烈的家族疾病史，不過他們想更了解自己的基因體，而且對參與研究有興趣。

第三類則是罹患嚴重孟德爾遺傳疾病的人，因為他們顯然對疾病沒有抵抗力。「如果你罹患這類疾病，這項研究也留了個位置給你。」波布解釋，「我們希望參與者中有人正罹患這些疾病，這樣一來，假設我們找到有人對囊腫性纖維化具有抵抗力，就會希望能夠召集所有囊腫性纖維化患者作為基因解碼時的對照組。」

資料解碼

真正的困難是解碼。如之前的研究所示，超級英雄的確存在，而且不算難找；然而最大的挑戰在於釐清他們是怎麼辦到的，就像那名逃過阿茲海默症基因追殺的人。

「這也是為什麼我喜歡以『冒著煙的安全氣囊』比喻，而非『冒著煙的槍』（指鐵證如山），」波布解釋，「這樣的人具有已經爆開的生物安全氣囊，這正是我們要尋找的東西，但執行起來卻有如大海撈針。我們目前已知其他早發性阿茲海默症病例都會致命；在這個人的一生當中，究竟是哪些遺傳因子或環境因素幫他躲過這個疾病。」

「現在我們有了全基因體定序等等的分子工具，能夠取得許多這位人士的基因資訊，並嘗試尋找幫他躲過疾病的原因。如果可以找到讓人免於這種遺傳疾病、真正具保護性的突變基因，那我們就能夠藉此研擬預防策略或是研發新的療法。」

環境可能也會影響一個人是否會被基因突變的疾病打垮。環境

因子包括個人的飲食習慣和生活方式，甚至是從單細胞發育為個體的子宮環境。這是讓維奇曼加最期待的部分。

「到頭來還是有人雖然帶有這些突變基因，但是沒有發病。」她說，「我認為如果最後發現是環境因子的關係，那再好不過了。若能更進一步釐清是哪些環境因子，就能夠大幅改善治療方式，因為改變環境比改變基因簡單多了。」

不管是先天遺傳還是後天環境，或者兩者都有影響，基因超級英雄的存在告訴我們：一種基因問題只對應一種疾病這樣絕對的孟德爾式理論，把問題看得太過簡單。現在我們要搜尋與健康有關的基因，過程中可能會出現各種驚喜。一開始，我們需要先從帶有「純」孟德爾遺傳疾病基因的人下手，依病情嚴重程度排列，一端是最嚴重的病患，另一端則是基因超級英雄。然而，現實是我們每個人都帶有些許突變，最多可能高達 40 個「不良」的基因突變。

身為臨床遺傳部門的領導人，維奇曼加覺得這一切充滿挑戰，她說，「我們每天都在和病人打交道、定序他們的基因體、尋找突變，然後推測這個突變的意義。我們對人類基因體的了解已經有了大幅進展，也認為我們知道突變什麼時候會造成影響，什麼時候不會。但是過去這樣黑白分明的見解，現在全都灰濛濛地糊成一片。然而我要說，身為遺傳學家，這正是最有意思的時代！」

凱特・亞尼（Kat Arney） 科學作家和 BBC 線上廣播節目《科學新發現》（*The Naked Scientists*）的主持人。著有《人體編碼》（*How To Code A Human*）。
譯者 賴毓貞 高雄醫學大學生物系畢。

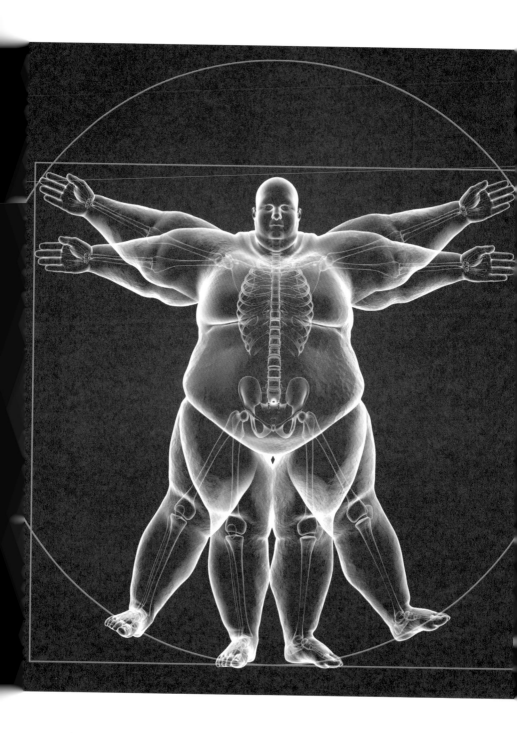

肥胖都是
基因惹的禍？

「2013 年～ 2016 年國民營養健康狀況變遷調查」，
成人過重及肥胖盛行率為 50.9％，高達一半人口。
顯示肥胖為必須積極解決的課題。
想克服這個複雜的問題，
只靠「少吃多動」就能達成嗎？

在我工作的醫院裡，最近新開了間小超市，主要販賣可即食的食物和飲料。有天我和醫院裡大部分人一樣，在那裡拿了三明治當午餐，排隊時我站在一名護士後面，她手裡抓著沙拉和優格，顯然她選擇食物是根據強大的意志力而非欲望。如果收銀檯近在咫尺，她大可以帶著健康午餐全身而退；然而，隨著如同迪士尼樂園般的人龍隊伍蜿蜒前進，越接近收銀檯誘惑越多，周遭開始出現殘酷的巧克力、糖果、洋芋片和其他可口點心。護士飢渴地盯著經過的每一樣甜食，不過每次都咬牙繼續前進，這般的拉鋸戰至少有十次以上。我一直在心裡鼓勵她，「加油！妳辦得到的！」最後她看似平安抵達收銀檯，卸下了心防，但此時收銀員發動突襲，提出致命建議，「要不要來點剛烤好的餅乾？今天買一送一喔！」護士就此敗北投降，帶著將近 800 大卡的餅乾走出店門。

這個故事中，誰應該負責？是護士？還是該怪商店把食物放在收銀檯旁邊，或者責怪收銀員提出的建議？甚至應該抱怨政府為何沒有禁止超商將垃圾食物放在櫃檯旁，或是說其實各方都得負點責任？

自古以來都認為控制食物攝取量和體重是自制力和意志力的問題，畢竟貪吃屬「七大原罪」之一。因此，隨著肥胖日漸成為嚴重的大眾健康問題，並在多數已開發或新興經濟體中達到流行病的程度，社會大眾順理成章地斷定過重或肥胖的人意志不夠堅定。

不難看出在主流觀點中，肥胖是個單純的問題，人們認為只要少吃多動就能夠減重，這是物理基本定律之一：你不會像變魔術般莫名獲得熱量，同樣也無法讓它憑空消失。然而祖先的這些忠告顯然沒什麼作用，因為我們依舊越來越胖。

現今除了有大量的食物可供選擇，還有不停轟炸的資訊，鼓勵我們買更多食物。瘦體素是由脂肪製造的荷爾蒙，會告訴腦部體內儲存了多少脂肪。

　　問題在於我們放錯了重點，不應該疑惑我們是怎麼變胖的（的確吃得太多又動得太少），而是應該問，為什麼有些人就是吃得比別人多？這個答案相當複雜，生物本能以及遺傳看似對食物攝取量影響甚鉅，但我們對這方面的研究不過才剛起步而已。

荷爾蒙與遺傳

　　現在已知有些荷爾蒙會進入血液循環，並將訊號送到腦部，讓腦部知道體內的營養狀態。概括而言，這些訊號有兩個來源：第一類是脂肪（儲存長期能量的場所）分泌的荷爾蒙，讓腦部知道還有多少「存貨」。這項訊息非常重要，因為有多少脂肪，基本

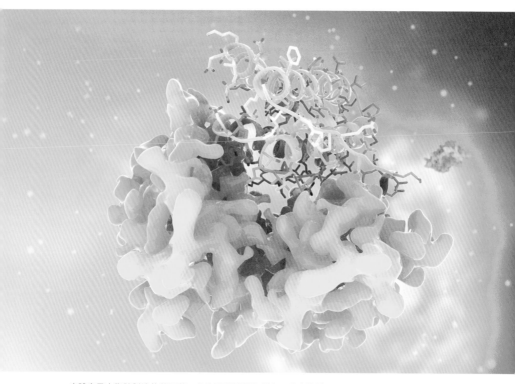

瘦體素是由脂肪製造的荷爾蒙，會告訴腦部體內儲存了多少脂肪。

上就可換算出我們可以持續多久不進食；第二類是胃腸分泌的荷
爾蒙，這些屬於短期訊號，目的是讓腦部知道我們正在吃東西，
以及吃了哪些食物。腦部整合這些長期和短期訊號後，進而影響
我們下一餐的飲食行為，就像是「人體燃油儲量偵測器」。然而，
雖然每個人（事實上是所有哺乳動物）都有這樣的能量偵測器，
依舊環肥燕瘦各不相同。現在我們已經逐漸了解，遺傳對於體型
和體重的影響舉足輕重。

　　雙胞胎研究是用來判定遺傳對特定性狀的影響力時，最適合的
測試對象之一。同卵雙胞胎是基因的「複製體」，而異卵雙胞胎

的遺傳物質則有一半相同，就像你與兄弟姊妹之間的情形。因此，如果有足夠數量的雙胞胎（包括同卵與異卵）可供研究，就能探討任何推測與遺傳因子有關的性狀，例如髮色、眼睛顏色、腳的大小、身高或體重，也能夠計算各個性狀受遺傳影響的程度。你可能猜的到，眼睛和頭髮的顏色（先不論染髮）等性狀幾乎完全由基因決定，環境因素只占極小部分；反之，雖然雀斑也是由基因決定，但其生長部位以及數量卻與日照量有關。而可能讓大多數人訝異的是，遺傳對體重的影響力相當於遺傳對身高的影響力。沒有人會質疑遺傳決定身高這件事：高的父母就會有較高的子女。大家也都知道，骨頭紀錄和書面資料都顯示，現今的人類高於相隔不超過兩個世紀前的祖先，明明是同一物種，為什麼我們長得比較高？這其實是飲食、環境以及生活方式的改變所致。

體重也有相同情形，只是體重變化的區間更短，我們比 30 年前的人類更加肥胖，一樣也與飲食、環境以及生活方式的變化有關。不過無論如何，都改變不了一個事實：如果父母體重過重，子女很可能也會過重。

胖子的好朋友

研究食物攝取以及體重控制的機制時，基因是很有效的工具，也讓我們能夠了解，處於肥胖狀態時，這些機制可能出現什麼樣的缺陷。

過去 20 年基因研究中最引人注目的是「瘦體素與黑皮質素」這條脂肪感測路徑。瘦體素是由脂肪製造的荷爾蒙，會告訴腦部體內儲存了多少脂肪；而腦中的黑皮質素路徑會感測瘦體素的濃度，

進而影響食物攝取量。我們已經知道這條路徑對於食物攝取量的控制極為重要，因為如果參與瘦體素或黑皮質素路徑的基因受到破壞，會造成重度肥胖；若這條路徑受到破壞，腦部會低估體內實際的脂肪量，導致你吃得更多並獲得更多脂肪。這條感測脂肪的路徑對所有哺乳動物都相當重要（例如最近發現狗也是）。

拉布拉多犬是相當受歡迎的寵物，牠們同時也是著名的愛吃鬼，因此容易肥胖。科學家發現將近四分之一的拉布拉多犬，其黑皮質素路徑的基因受到破壞，使牠們比其他狗更貪吃也更容易變胖。拉布拉多犬廣受歡迎主要是因為牠們先天惹人愛的特質以及可塑性，這些狗都訓練有素，而訓練時主要的誘因就是食物；將近 80％ 的拉不拉多導盲犬帶有基因突變，因此我們認為牠們先天的特質和可塑性來自於遺傳造成對食物的渴望。

要怪就怪腦袋吧

但是從人類觀點來看，由於黑皮質素路徑的基因受到破壞，而造成重度肥胖的現象仍相當罕見。現在會讓我們不健康肥胖，較有可能是帶有許多微妙變異的多種基因所引起，因為單個基因的影響幾乎無法覺察，但多個基因累加起來就會有明顯的效果。目前已知與肥胖相關的基因超過 100 個，這些基因（包括參與黑皮質素路徑的多個基因）大多作用於腦部，並影響食物攝取行為。當這些基因出現較多堪虞的變異時，腦部對於來自脂肪和消化道的荷爾蒙敏感度便會降低，致使有些人總是覺得比別人還要餓。

不餓的時候自然可以不吃東西，然而你是否試過在還沒吃飽的時候停止進食？即使只是一餐都很困難，因為這違背我們的生理

將近四分之一的拉布拉多犬帶有讓牠們變貪吃的基因突變，因此容易變胖。

機制，至今我們演化成：有食物時就吃，別停下來。

重點來了，瘦的人並不因為他們有比一般人強的鋼鐵意志，他們只是餓的程度比較低，因此比較容易吃飽；同樣，胖的人也不是失敗或懶散，應該說他們正在對抗自己的生物本能。事實上，肥胖人的腦會稍微低估身體實際擁有的脂肪量，也會稍微低估上一餐實際吃下的食物份量，導致吃得更多；他們吃的量不需要比別人多一倍，只要每天多吃 5％，累積一輩子的差異就相當可觀。

愉悅因子

由於進食對於維持生命相當重要，因此腦部演化出一些策略，確保吃東西時會覺得這是件好事或受到獎勵，也就是「愉悅因子」。簡單用你我再熟悉不過的「裝甜點的第二個胃」來解釋：

雖然已經覺得吃飽了，但甜點依然可以下肚。典型的高熱量甜點等食物特別讓人覺得受到獎勵。這個令人愉悅的重要動機能夠確保我們已儲存所有能夠額外取得的能量，也保障我們在下一次進食前有足夠的燃料存量。經過數十萬年的演化、撐過了好幾場飢荒，任何可以增加繼續覓食動機的機制，哪怕只增加一點點，都是演化上的優勢。而來自於好吃食物（假設沒有毒）的獎勵性回饋，對於發展及誘導我們的進食行為相當有用。

許多人仍堅信我們能完全掌控自己的進食行為，認為我們的體型是由環境造成的，「基因」和「本性」只有極小的影響。然而，請記住，對食物的欲望是促使我們存活下去的原始本能，這是經過了數百萬年的演化塑造而成，讓生物具有能夠適應及因應缺乏營養時期的機制。

因此，我認為，即使身為高度進化的物種，以現今的環境而言，過重確屬自然的身體反應。主要的問題在於生活環境，就像前面護士面臨的午餐挑戰，無處不在的高能量點心和刺激性食物，再加上生活型態的改變，這些都與數千年來人類已經適應的嚴酷環境不一樣，最後促成了今日嚴重的肥胖問題。

我很清楚，如果沒有現在的「促肥胖」環境，大多數的人不會過重或肥胖，然而在我們努力對付 21 世紀最嚴重的大眾健康問題時，否認基因在我們身體對環境的反應中有著重要影響，是不會有幫助的。

奇萊斯・楊（Chiles Yeo）　英國劍橋大學醫學研究理事會代謝疾病科首席研究員。
譯者　賴毓貞 高雄醫學大學生物系畢。

失明治療新解方

病毒並非只有壞處，
我們可以利用病毒將健康的基因送進細胞，
以減緩遺傳性眼疾的惡化速度。

　　對失明的恐懼深藏人心。根據英國皇家愛盲學會的調查顯示，相較於罹患阿茲海默症、帕金森氏症或心臟病，較多的英國成人更害怕失明。

　　隨著一些看似神奇的失明療法一一實驗成功，這樣的想法可能也開始轉變。電子科技、基因療法以及幹細胞治療在過去十多年有了驚人的進展，已經讓數十名原本將在黑暗中度過餘生的患者重見光明。

　　英國倫敦大學學院眼科研究所的羅賓·阿里教授（Robin Ali）表示，基因療法是目前最先進的失明新療法。「它在改善視力上有很棒的效果。」阿里說，「現在藥廠也挹注大量的資金與人力來研發一系列產品。」

基因療法是利用經過改造的病毒，將健康基因送進帶有突變基因的細胞。健康的基因會取代突變的版本，讓細胞正常運作。眼睛是實現這類療法的理想位置：不僅可輕易接近病灶，也對免疫系統有部分屏蔽作用，降低了體內防禦機制攻擊病毒的可能性。

　　2007 年起，基因療法的研究主要著重於罕見的視網膜疾病，尤其是萊伯氏先天性黑矇症（LCA）和脈絡膜缺失症，這些疾病會損害視網膜的細胞。英國及美國的研究已經證實，基因療法能夠減緩惡化速度，甚至改善視力，有望在兩年內實施核准的基因療法。雖然有些跡象顯示視力的改善效果可能在幾年內減弱，不過許多專家相信，既然證實這些原理可行，接下來就有動力讓這項技術更臻完美，並研發運用於其他更常見的症狀。

　　主要的問題在於，科學家知道萊伯氏先天性黑矇症和脈絡膜缺失症等疾病的致病基因，但不知道哪些基因與老年性黃斑部病變或其他多數眼疾有關。眼前的挑戰就是找出導致這些疾病的基因。

　　英國曼徹斯特大學、牛津大學、法國巴黎大學以及美國達拉斯大學的研究團隊，正在研究更具實驗性的「光遺傳學」基因療法。這個方法很有潛力，能夠幫助所有因為感光桿狀細胞和錐狀細胞受損而失明的患者。曼徹斯特大學的研究團隊利用視網膜受損的小鼠做實驗，以病毒將控制眼睛感光色素（視紫質）的基因，注入視網膜後方的細胞。失明的小鼠經過治療，能夠分辨物體大小以及黑、白條紋。研究團隊希望在近期進行人體試驗。

賽門・克朗普頓（Simon Crompton）　科學新聞記者，曾任英國《泰晤士報》和《每日電訊報》的健康編輯。

譯者　賴毓貞 高雄醫學大學生物系畢

為什麼會失明？

導致失明的原因因人而異。

視網膜色素上皮層受損

視網膜色素上皮層是視網膜後方用以滋養及維持光受器的細胞層，它們貼附著充滿血管的脈絡膜，如果這些上皮細胞受損（例如老年性黃斑部病變），會導致桿狀細胞和錐狀細胞死亡。

視網膜疾病

視網膜是眼球最後方、如同感光銀幕的組織，當中含有兩種光受器細胞：桿狀細胞和錐狀細胞。桿狀細胞可感測明暗、形狀和移動，錐狀細胞則感測顏色。視網膜色素病變等許多視網膜疾病，會損害或摧毀桿狀細胞和錐狀細胞。

角膜和水晶體問題

當光照射到眼睛時，最前方的角膜及其後方的水晶體會將光線聚焦於視網膜上，水晶體周圍的肌肉會改變水晶體的形狀以利聚焦。角膜變形、水晶體聚焦能力不足以及眼球扭曲均會造成屈光不正；在部分視力喪失（近視、遠視、散光與老花）或失明的病例中，超過 50％是因此而起。

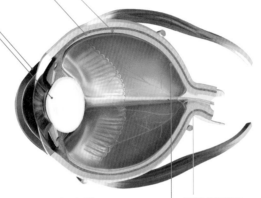

黃斑部病變

黃斑部是視網膜的中央區域，正常情況下，是視力最清晰的地方。黃斑部的中央區域稱為中央窩，此處的錐狀細胞最為密集，負責高解析度的視力。黃斑部病變會使這個重要區域的感光細胞退化。

視神經受損

視網膜透過視神經，將來自感光細胞的神經脈衝傳送至腦部。大約 120 萬條來自視網膜的神經纖維聚在一起，形成視神經。青光眼是一群疾病的總稱，通常與眼壓升高有關，如果未予以治療，可能損害視神經而失明。

黃斑部病變　　　屈光不正　　　青光眼　　　視網膜色素病變

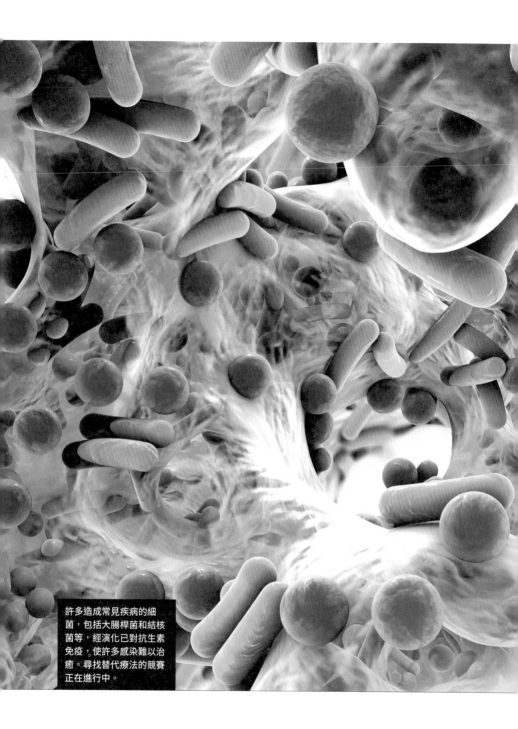

許多造成常見疾病的細菌,包括大腸桿菌和結核菌等,經演化已對抗生素免疫,使許多感染難以治癒。尋找替代療法的競賽正在進行中。

抗生素
抗藥性

20 世紀初發現了抗生素，
讓人類壽命增加約 20 歲。
然而濫用抗生素，
使得這些致病細菌、微生物產生了抗藥性，
讓人類再度暴露於嚴峻威脅。
我們該如何因應？

　　如果你喜歡看末日災難片，那你一定相當熟悉各式各樣可能使人類文明殞落的事件：小行星撞擊、致命病毒、外星人入侵、核戰，甚至是喪屍大爆發。

　　那抗生素抗藥性呢？如今專家認為，抗藥性細菌四處傳播可能是人類文明當前最大的威脅之一，甚至比全球恐攻、氣候變遷和電影裡的情節都要危險。

徵兆顯示，「抗生素末日」已經來臨：光是歐洲和美國，每年至少有五萬人死於傳統藥物無法醫治的細菌感染。現在每個國家都發現了具抗生素抗藥性的細菌，如果趨勢持續下去，世界上所有的抗生素可能會在幾十年內失去效果。

英國「抗生素抗藥性研究」（Review on Antimicrobial Resistance）報告指出，如果無法處理這個問題，到了 2050 年，全球可能會減少將近五億人口，並付出約 3,000 兆台幣的代價。

為什麼抗生素這麼重要？

抗生素可以殺死細菌，或抑制細菌生長，幫助我們治療各種程度的細菌感染。各個醫學領域都會用到抗生素，包括治療青春痘等皮膚症狀、食物中毒或肺炎等較嚴重的感染，以及結核病和腦膜炎等致命傳染病。抗生素也可以避免受傷的傷口或術後傷口受到感染，或是協助保護免疫功能不全的病人，例如正在接受癌症療程或剛接受器官移植的病人。

抗生素有好幾百種，形式包括軟膏、藥丸或注射劑等等，用以針對不同細菌造成的感染。人類大約在 75 年前開始使用抗生素，使全球平均壽命大約增加了 20 年。這些靈丹妙藥問世之前，人們總是提心吊膽任何會造成感染的事物，就連被紙割傷都可能喪命。一般認為，在現代抗生素出現之前，大約有 40％的人死於未接受治療的感染，即使熬過了感染，也可能會留下疤痕或難看的印記。

抗生素如何阻止感染？

抗生素是能夠擾亂細菌細胞內部重要程序的化學物質。抗生

亞歷山大‧弗萊明發現了盤尼西林，徹底改變了全世界的醫療。

素必須只會影響細菌細胞，而不會傷害人類細胞，才能成為安全的藥物。1928年蘇格蘭科學家亞歷山大‧弗萊明（Alexander Fleming）發現了第一種抗生素：盤尼西林。盤尼西林是由黴菌製造，能夠使細菌的細胞壁無法正常運作；人類細胞不具有這些堅硬的細胞壁，因此不受影響。這幾十年來，科學家也研發出許多類似的藥物。

有些抗生素則是干擾細菌生長的必要生物程序，例如蛋白質、DNA或能量的製造程序。

細菌如何產生抗藥性？

表面上看來，細菌好像是在學習嘗試反抗抗生素，但其實細菌的演化必然會發展出抗生素抗藥性。每當細菌增生時，會複製DNA，接著細胞一分為二。然而複製過程會出現瑕疵，這表示在

九種具抗生素抗藥性的危險細菌

2017 年初，世界衛生組織公布一份全球最危險的細菌名單，
其中有九種細菌被歸類為應（極）高度優先予以研發新的抗生素……

鮑氏不動桿菌

會對免疫系統不全的
人造成肺炎，以及傷
口和血液感染。

腸桿菌

可能是下一個超級細
菌，若感染能抵抗碳
青黴烯類抗生素的腸
桿菌，半數人會死亡。

屎腸球菌

會造成泌尿道和血液
感染，已對萬古黴素
發展出六種抗藥性。

綠膿桿菌

對於「最後一道防線」
的抗生素具抗藥性，
會對虛弱的病人造成
致命性感染。

金黃色葡萄球菌

大約每 30 人就有一人
的皮膚上有 MRSA。
一旦其深入體內，就
會造成致命性感染。

幽門螺旋桿菌

胃潰瘍的常見病因，
常用抗生素克拉黴素
加以治療，但已出現
抗藥性突變。

曲狀桿菌屬

常出現於生肉，造成
食物中毒，它對抗生
素氟奎諾酮的抗藥性
越來越明顯。

沙門氏菌

沙門氏菌有好幾千種
菌株，可能造成傷寒
和食物中毒等症狀。

淋病雙球菌

會導致透過性行為傳
染的淋病，在 1940
年代就已發現抗藥性
菌株。

數百萬、數十億，甚至數兆個正在增殖的細胞裡，每一世代都有許多 DNA「出錯」（也就是突變）的細胞。

由於這些大量的 DNA 變異，隨著時間過去，將會有某一小群細菌隨機發展出對特定抗生素免疫的突變。例如抗生素作用目標的關鍵分子，可能因突變而在結構上出現些微變化，導致抗生素無效；或者突變可能讓細菌開始製造特定的化學物質，破壞抗生素的抗菌能力。以盤尼西林為例，許多細菌已經演化出能夠製造乙內醯胺酶這種酵素，使盤尼西林失去作用。

此外，不同種類的細菌之間還能夠傳遞抗生素抗藥性。微生物不論是透過直接接觸或是形成橋狀連結，天生能夠透過「基因水平轉移」（HGT）來交換遺傳物質。基因水平轉移有助於細菌將 DNA 洗牌以及「分享」有用的基因，不過抗生素抗藥性的基因也時常從無害的菌種，傳遞給比較致命的菌種。

連病毒、真菌和寄生蟲都可能出現類似情況，稱為微生物抗藥性（AMR）。甚至是昆蟲和雜草也會對我們用來殺死害蟲、讓農作物保持健康的化學藥物產生抗藥性。

抗藥性如何傳播？

濫用抗生素會使抗生素抗藥性成為一大問題。使用抗生素會破壞人體內的許多細菌，包括壞菌和好菌，使得具抗生素抗藥性的細菌能夠進占這些空間，在沒有競爭者的情況下恣意繁殖。這種情況可能使人生病，也表示這些人帶有大量具抗生素抗藥性的微生物，會傳染給他人。醫院就像是抗生素抗藥性基因的集散地：常常使用抗生素，使得病房裡聚集許多抗藥性基因，這些基因會

再傳給其他細菌、病人和工作人員。

越常使用抗生素，抗生素抗藥性菌種越有可能成為該地的優勢物種。此外，不只人類藥物會導致抗生素抗藥性四處傳播，某些國家會例行對家畜使用抗生素以促進成長，或是避免牲畜群聚感染，這表示具抗藥性基因的微生物可以透過遭汙染的肉品、動物製品或是施以糞肥的作物，傳回人體。

即使某個國家嚴格規範過度使用抗生素，而且其醫院衛生條件絕佳，該國與不當使用抗生素地區的人口和物品，也只相隔數小時的飛行距離。

如果抗生素無效，會發生什麼事？

首先，結核病和腦膜炎這類因細菌感染而致命的人數必定會增加。我們目前認為不嚴重的感染，也可能開始造成嚴重疾病，甚

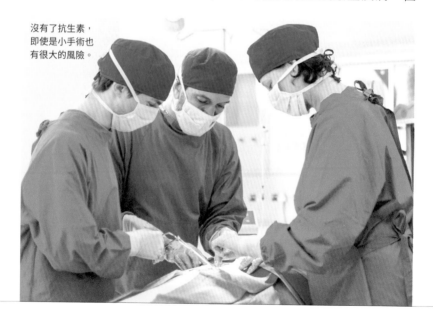

沒有了抗生素，即使是小手術也有很大的風險。

至死亡。即使是膿腫或痘痘等無關緊要的症狀，也可能變得難以治療，將來有可能像中古世紀一樣，處處可見醜陋的瘡和奇怪的皮膚症狀。

不過抗生素抗藥性對於醫療保健的影響更為深遠。全球每年會進行數十億次手術，幾乎全都需要使用抗生素以預防手術中以及術後的感染。台灣有約三分之一的寶寶是經由剖腹產來到人世，剖腹產期間使用抗生素可以保護母親和寶寶。

若沒有抗生素，考量手術因感染導致的死亡風險，會發現根本不值得挨刀。到了那個時候，為了嘗試治癒感染的鉅額支出，很

懸而未決的謎團

1 我們還有多少時間？

由於抗生素抗藥性是隨機突變以及隨機轉移遺傳物質所造成的，因此很難預測何時何地會產生抗藥性，以及我們還剩多少時間可以尋求解方。不過目前已經部署新工具，協助尋找及偵測全世界的抗藥性好發地區。

2 全球能夠一致對付這個問題嗎？

我們為了遏止抗生素抗藥性所下的功夫，幾乎可以媲美在氣候變遷上的努力。然而如果一個國家盡了全力，但其他國家依然故我，這些努力只會付諸流水。西方國家對此已有明顯進展，然而要開發中或貧窮國家減少使用抗生素，實在不容易。

3 什麼時候會有新藥物？

我們無法知道研發新藥以及延長現有抗生素壽命的新策略能否成功。新藥物可能需要幾十年來證實可被安全廣泛使用，而且需要耗資上億台幣研發。即使研究成功，細菌依然可能演化出突破新系統的機制。

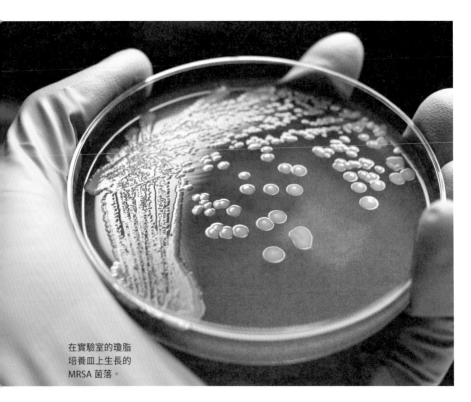

在實驗室的瓊脂
培養皿上生長的
MRSA 菌落。

可能會拖垮許多國家的衛生機構。如果抗生素不再有用，我們也許必須徹底改變行為模式。

我們應該擔心嗎？

要非常擔心！許多菌株已經不只對一種抗生素產生抗藥性，人們稱之為多重抗藥性（MDR）細菌（又稱超級細菌），已經對全球醫療體系造成威脅。

英國首席醫療官莎莉・戴維斯教授（Sally Davies）最近認為，人類平均壽命不斷增長的黃金時代可能已到尾聲，將進入死亡率攀升的時代。她提到英國政府對於抗生素抗藥性的調查，並說相

較於氣候變遷,她更擔心「接受一般手術,卻死在手術台上」。許多醫院正在努力消除病房中的多重抗藥性細菌,像是抗甲氧西林金黃色葡萄球菌(MRSA);同時已經在 100 個國家發現了廣泛抗藥性結核菌(XDR-TB),每年造成超過 20 萬人死亡。食物中毒大多是大腸桿菌引起的,然而具抗生素抗藥性的大腸桿菌已經相當普遍,傳統的治療方式已對半數以上的病人無效了。

而且,已知有細菌菌株對於「最後一道防線」的抗生素具抗藥性了,醫治受到這些危險細菌感染的患者,不僅困難、危險,而且相當昂貴。

如果這樣的趨勢持續下去,專家預測只要短短 20 年,現有抗生素幾乎都會失效。

不能研發新的抗生素嗎?

曾有幾十年的時間,抗藥性相對罕見,藥廠也持續製造新種類的抗生素。不過到了 1990 年代,藥商開始想不出能夠殺死細菌,卻不會傷害人類細胞的新方法。為了尋找新藥物投入許多心血,卻只得到既有抗生素的類似物,因此很快又出現抗藥性。全世界現在使用的抗生素,與 30 年前幾乎一模一樣。

現在最大的問題在於錢。從研發新藥物到上市,需要大約 150 億到 600 億台幣,然而這些新藥不是被保存起來,作為最後一道防線,就是在出現抗藥性後失效。對藥商來說,沒什麼誘因吸引他們投注心力。

不過,還是有些好消息:美國斯克里普斯研究所的科學家最近宣布,他們改良了萬古黴素這種常用抗生素,能夠以三種方式來

攻擊細菌。研究團隊表示，這種藥物可能可以廣泛使用，不必擔心抗藥性問題，因為細菌不太可能同時躲過三種攻擊機制。

於此同時，來自美國喬治亞州亞特蘭大埃默里大學的民俗植物學家，卡珊卓・奎弗博士（Cassandra Quave）正在地中海區域尋找被遺忘的草藥，希望有助於解決抗生素抗藥性的問題。

有什麼能替代抗生素？

科學家現在開始將抗生素結合能夠破壞細菌抗藥機制的化合物。例如，如果細菌開始製造阻止抗生素進入細胞膜的蛋白質，研究人員便研發「誘餌」化合物來阻斷蛋白質運作。病人同時吞下抗生素和誘餌化合物，抗生素即可發揮功效。另一種替代方式是俄國和東歐從 1940 年代就使用的療法，但是長久以來不受西方國家重視。這種療法稱為噬菌體療法，是利用病毒劫持細菌，再從內部摧毀細菌。聽起來很危險，不過其使用的病毒又稱

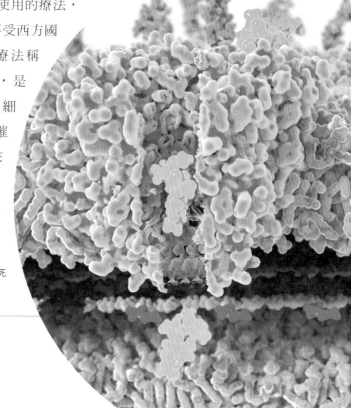

抗生素（粉紅色）通過細菌的細胞壁，進而殺死細菌。

為噬菌體，天生只會攻擊細菌。

其他潛在的研究方向，包括研發能夠幫助免疫系統找出細菌並攻擊它們的藥物、使用生物工程製造的奈米粒子或病毒來轟炸細菌，還有利用益生菌（友善的細菌）與壞菌競爭。

然而這些療法的共同問題是，細菌最後也可能對這些療法發展出抗藥性。

還有其他方法能阻止情況惡化嗎？

由於人們可以輕易在世界各地旅行，因此為了遏止抗藥性細菌持續散播，需要各國一同採取全球行動。為了保持現有抗生素的藥效，必須節制使用：只有細菌感染時才能開立抗生素，而且劑量多寡、服用時間長短都必須適當。

許多團隊正在研究檢測方法，希望可以讓醫師快速診斷病人是否需要抗生素，這應該有助於準確地使用抗生素。還有其他研究正在探討如何介入細菌交換 DNA 的過程，避免抗藥性基因在細菌之間傳播。

就個人而言，養成勤洗手以及良好的個人衛生習慣，有助於減少細菌散播，也有助於降低對抗生素的需求，並勸勉民眾在還不確定病因時，不要要求醫師或藥師給予抗生素。

簡言之，整個社會必須更加重視這些珍貴藥物。越常使用抗生素，效果就越不明顯。

湯姆・艾爾蘭（Tom Ireland） 科學記者，亦為英國皇家生物學會總編輯。

譯者 賴毓貞 高雄醫學大學生物系畢。

基因淘金熱

隨著基因檢測技術越來越便宜，
許多公司甚至搭配檢測，銷售紅酒、鞋子、健身計畫等等，
聲稱這些產品都能依照你的 DNA 量「身」打造，
這種說法可信嗎？

　　不到 20 年，人類基因體學（研究人類個體的基因組成）超乎預期地大躍進。遙想當初花了 10 年首次完全解碼人類基因，耗資 30 億美元（1991 年的行情）。這項技術發展至今，你只需吐一口口水在管子裡，並用包裹寄出，幾個星期後打開電子信箱，就可得知自己的基因檢測結果，包括各種特徵、健康狀況、遺傳等等鉅細彌遺的資料，而且不需要花太多錢。

　　果不其然，大企業都想要跟上這波基因體檢測風潮，提供各式各樣的服務：從訂定健身計畫到挑選紅酒，都可依照基因來決定。但光從一口唾液，真的能知道這麼多事情嗎？

2000 年代初期，基因檢測廠商便開始發展直接面對消費者（DTC）的業務，但當時對個體間的基因差異（也就是單核苷酸多型性）所知甚少；單核苷酸多型性（SNP）會導致不同的罹病風險、身體特徵（如身高、體重）及飲食偏好。

儘管如此，許多公司仍只憑少量的 SNP 資訊，兜售消費者昂貴的諮詢服務和保健食品，這些缺乏科學證據且未經醫學證實的輕率建議，曾遭官方醫療機構封殺。

到了 2000 年代中期，基因檢測公司開始學乖了，與其提供醫療諮詢或診斷，還不如聲稱他們的 SNP 測試單純作為學術資料和教育用途，如此一來就可以避免踩到美國食品藥物管理局（FDA）的地雷。2009 年已有超過 500 個 SNP 被認為與癌症等疾病有關，這項數值逐年增加中。任何對生物學有強烈好奇心、且有幾千美元閒錢的人，都可以簽署基因解碼同意書。這樣的檢驗越來越受歡迎，但專家檢驗結果出爐時卻發現往往有誤導之虞或根本錯得離譜，是騙人的商業手法，而不是鐵錚錚的科學事實。

許多檢驗 SNP 的個人化基因檢測公司便由於不受法規支持或失去消費者的信任而倒閉，有些被更大的企業併吞；極少數倖存者則依然堅信 SNP 和大部分的罹病風險、身體特徵及遺傳有關。隨著近年來科學發展神速、技術成本大幅減低，這個沉寂已久的基因市場再度回到了擂台。

家族連結

親緣鑑定對檢驗公司來說是一塊商機無限的大餅，除了可以藉此尋找失散多年的親人，並展開個人全球尋根之旅；有些公司還

（上圖）載有 DNA 的晶片被放入機器分析。
（左圖）將人類基因全部印出來，可以做成一整本厚重的書。

浪漫宣稱，族譜中潛藏著遠古部落、勇猛的野蠻人或頂尖藝術家的血脈。

　　當然有可能運用基因技術連結某些族群與世界的關係（雖然在科學上不是非常精確），這就像知道你的基因有多少比例來自尼安德塔人。然而許多研究人類基因和演化的科學家並不認同這個說法。舉例來說，倫敦大學學院的分子與文化演化實驗室曾著手調查並揭穿這些如「基因占星術」般、令人半信半疑的說法。研究人員認為，人類複雜的繁衍和遷徙模式，讓原本就錯綜的基因線索更難以釐清。

開採基因組！

個人化基因分析公司大多使用這兩種技術來「探勘」你的 DNA。

收集

你只需要吐口水到樣本小盒中，再寄給基因分析公司。

萃取

分析人員會從口水樣本中萃取你的 DNA，加以純化。

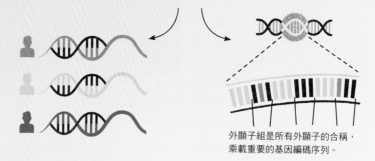

外顯子組是所有外顯子的合稱，乘載重要的基因編碼序列。

單一核苷酸多型性檢測

辨別你我差異的最快方法就是找出 SNP 的不同。每個 SNP 對應各自的 DNA 構築單位（DNA 是由四種核苷酸 A、T、G、C 排列組合而成），某些特定的 SNP 則和健康狀況和身體特徵有關。

外顯子組定序

不同於 SNP 檢測，外顯子組定序像掃描機一樣，檢視編碼成人類兩萬多個基因的所有 DNA 序列。外顯子組雖然只占人類總基因體的 1.5%，卻能得到比 SNP 檢測更多、更全面的資訊。這樣的技術價格當然也高一些。

開獎！

最後，透過解開你的 DNA 序列可以得知關於親源、家庭計畫、疾病風險、體適能，甚至是食物偏好等資訊。

另一個風潮是，許多在美國丹佛科技園區（DTC）的公司已將目光轉移至「生活風格」：打著「駭入身體」、「激發人類潛能」等等口號，針對個人 SNP 組合，量身打造各種飲食法和體重控制計畫；或是針對某些特定基因推薦維他命和營養補充品組合包，甚至可將客製化餐點直接送到家。這些五花八門的產品看似有科學撐腰，也確實曾有些研究認為 SNP 和體重、新陳代謝及某些身體特徵有關，卻沒有確鑿的證據顯示，基因客製化飲食和基因減重計劃會比一般方法有效。

事實上，2015 年倫敦大學學院的科學家發表的隨機抽樣實驗發現，提供人們一套體重控制計畫，並附上個人化的 FTO 基因（此基因和肥胖有關）資訊，會讓受試者看了這份參考資料之後更努力運動，然而結果卻沒有比只提供體重控制計畫更好。

還有項研究顯示，那些檢測出有罹患第二型糖尿病風險的受試者，在短期之內沒有顯著的行為改變。往好處想是，這樣的預測並沒有增加受試者的擔心和焦慮心理。

「這些基因檢測計畫是很聰明的行銷手段，」卡羅琳·萊特博士（Caroline Wright）說。她是英國小兒發展遲緩基因解碼研究的主持人，也是 Genomics England 公司的科學主任，「我認為這些資訊背後的科學實證很薄弱，雖然有研究支持特定 DNA 差異和某些身體特性有關，但也不代表光靠檢測結果就能推測人們喜歡什麼或該怎麼做。」

不斷推陳出新的基因定序科技，成本也越來越低，許多 DTC 公司將商業視野從 SNP 轉而望向更大型的人類基因體定序計畫。他們的下一步是基因體外顯子組定序，也就是跳過基因體中的「垃

坂」DNA 序列，僅檢視人類基因體兩萬多個有效的編碼基因。

DNA 科技巨頭 Illumina 的子公司 Helix 率先跳入這個市場。Helix 秉持「定序一次，享受終生」的原則，解碼並保存顧客的外顯子組資訊，再讓客人透過行動應用程式付費取得分析結果；Helix 也與第三方合作，提供消費者從健康分析到生活型態建議。

Helix 第一個上線的產品是和美國《國家地理雜誌》共同開發的親源分析包：Geno 2.0。近期即將簽約的合作夥伴除了許多知名學術機構如美國杜克大學和梅奧醫院；還有紅酒電子商務平台 Vinome，該公司會依照你的基因特性，提供客製化的選酒服務，以「小科學大樂趣」建立專屬你的紅酒資料庫。

Helix 公司還提供比 SNP 更深入且全面的親源鑑定、飲食方針、健康諮詢等等分析，姑且不論這項科技結合行動軟體服務的市場潛力有多大，但如果要在醫療領域上插旗，就必須合法。根據美國 FDA 的法規，只有醫生可以提供醫療檢測和從事醫療行為。這對生技公司來說將是一場硬仗，也掀起一波重要的科學討論。

「毫無疑問，的確有少數人會因為這項外顯子組定序技術而大大受惠，他們可能藉此檢查出特定基因變異，有機會提早治療潛在疾病。」萊特博士表示，「但我們也知道，每個人的基因都非常複雜且充滿變異。」

萊特博士指出，雖然現在我們對 SNP 與罹患疾病風險的關係已有較全面的了解，然而以此基礎來看外顯子組，卻像一腳踏進全然未知的領域。多數人都會有幾個罕見的基因碼，乍看之下似乎有害，然而他們卻健康的活著（見 P52）。對科學家來說，最大的挑戰在於了解所有基因的細微變異如何運作，以及如何影響人們

基因的行動應用軟體

許多直接面對消費者的基因測試公司，其產品涵蓋生活的諸多面向，然而有些產品背後的科學根基可能很薄弱，消費者得慎選。

飲食

有些公司憑著某些特定的基因排列，為消費者提供客製化飲食建議，這領域又稱「基因營養學」。此想法是依照特定基因的偏好，如：肥胖、脂肪代謝和飢餓，給予最適當的體重控制計畫。另一方面，你也可以購買依照基因訂製的啤酒和紅酒來慰勞自己。

運動與體適能

除了量身訂製飲食之外，也可以藉此打造健身計畫。從週末健身咖到規律運動的人，檢驗公司都可以藉由分析你的有氧運動能力、力量、耐力、血壓、肌腱強度等等指標，給予理想的訓練程序和休息、復原建議。

愛與家庭

現在藉由比較免疫系統相關的基因組：主要組織相容性複合體（MHC），就可以尋找與自己的 DNA 完美相容的伴侶。父母也可以藉此評估是否有可能生下具基因問題的小孩；孩子出生之後也可以檢測其遺傳特性，或是否有罹患某些親代疾病的風險。

美容保養

皮膚保養公司現正針對個人 DNA 對症下藥，聲稱能將如月球表面的皮膚變得容光煥發。他們是依據與抗氧化防禦力（抵抗來自紫外線和化學物質的傷害），以及膠原蛋白的生成和分解有關的基因，打造客製化的抗老精華液，讓肌膚飽滿且富有彈性。

寵物

到了這地步，已經沒理由不讓家裡的毛小孩也享受基因檢測的好處！你可以知道牠們是否血統純正，或解開牠身為「米克斯」的身世之謎。如同提供人類健康建議一樣，寵物也可以擁有專屬自身的飲食、體適能、獸醫照護等等尊榮待遇。

「23andMe」是將 DNA 放在可以鑑定基因型的特殊晶片上，從中獲得祖源和健康的相關資訊。

的健康。

「在沒有足夠資訊、沒有誤診的本錢之下，我們無法告訴當事人，他們的基因變異將會增加罹病機會，這非常冒險。」萊特博士說，「你可以針對外顯子組大作文章，畢竟每個人多少都會有些基因突變；也許有些變異真的會致病，但大部分不會有任何影響。」

隨著 DNA 定序成本快速下降，特別是在 Illumina 公司的最新超級電腦 NovaSeq 問世之後，每次測試流程可能只需 100 美元。但是，當人們沸沸揚揚地討論這些技術時，問題又回到了隱私權、同意使用權和誰可以接觸基因資訊等等倫理問題。對大多數人來說，在基因應用軟體商店中閒逛以消磨時間似乎無害，但如果鼓勵大眾解密自己 DNA 中的基因密碼，然後草率貼上「該基因有害！」的標籤，造成的問題可能比解決的還多。

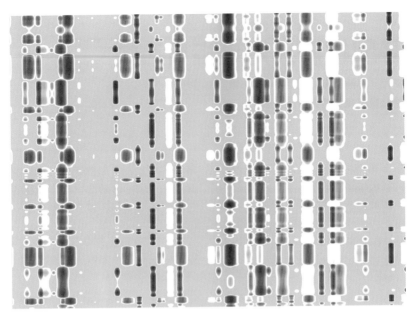

放射顯影技術呈現 DNA 樣本中的核苷酸鹼基排列。

「親緣關係、身體特徵和你適合哪款紅酒的基因，很有可能和高風險乳癌罹患率、早發性阿茲罕默症的基因混在一起，」萊特博士說，「探索自己的基因，你可能會得到判若雲泥的答案，有些很有趣，有些則完全不是這麼一回事。」短短幾年內，我們一同見證了基因科技的黃金進步期，解碼並檢視自己的 DNA 變得和坐在家裡看電視一樣容易。但我們必須知道，這些抓住消費者好奇心並提供服務的公司，其真面目是為了賺入大把鈔票。基因是強大又私密的重要資訊，甚至有可能改變人生，是值得我們謹慎對待的寶藏。

凱特．亞尼（Kat Arney） 科學作家和 BBC 線上廣播節目《科學新發現》（*The Naked Scientists*）的主持人，著有《人體編碼》（*How To Code A Human*）。
譯者 劉冠廷 台灣大學生化科技所畢，現為兼職譯者

基因檢測大眾化指日可待

**麥可・莫斯里自願試用 DNA 自我檢測組合包，
藉此檢視自己的過去與未來。**

幾年前，我在製作 BBC《地平線》（Horizon）系列的其中一集節目時，捐出唾液來試用「23andMe」公司的基因檢測組合包。這間公司位於美國加州，以「一般人類細胞中均有 23 對染色體」來命名。他們真的把基因檢測變得輕鬆又容易，我上網註冊並支付大約 150 英鎊（約新台幣 5,600 元），沒多久就收到一個附有說明書的包裹，當然你也可以在英國境內一些較大型的藥局買到這套組合包。我依說明採集口腔拭子檢體後，再將檢體寄回，幾週後，電腦就收到結果通知。「23andMe」的網站做得很不錯，不僅提供與你的基因體有關的大量資訊，還附上參考文獻，告訴你這些資訊背後的研究出處。

我先從祖源分析看起，資料顯示我有 98 ％的歐洲血統，極少的中東與北非血統 —— 1 ％，另外還

有 1 ％的亞洲血統，這部分與我所知的族譜相符。接著我快速瀏覽了遺傳疾病部分，看到我不具有列表中與疾病（包括囊狀纖維化）相關的各種基因突變時，著實令人鬆了一口氣。

再來，我開啟性狀說明的頁面，他們信誓旦旦地說我的頭髮比一般人直，真的；而且只有 28 ％的機率是金髮……我的確不是金髮；他們還說我沒有乳糖不耐症，沒錯；還依據肌肉表現推測我是短跑好手，這可就與事實不符了。

接著我查看遺傳風險因子的部分，毫無疑問也是這項檢測最具爭議的部分。我特別想知道我的阿茲海默症罹病風險，因為我懷疑家父晚年有失智症狀。有一個基因與晚發型（發生時超過 65 歲）阿茲海默症特別有關，那就是 ApoE，雖然目前尚未徹底了解 ApoE 的作用，不過已知它會影響乙型澱粉樣蛋白在腦中的堆積，也已知阿茲海默症患者的腦中堆積有較多的乙型澱粉樣蛋白。

莫斯里以他慣有的白老鼠性格，
再度自願接受醫療檢測。

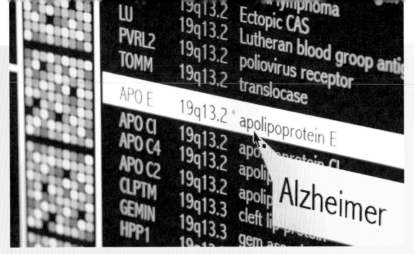

DNA 定序可以得知自己帶有哪一種 ApoE 變異型，並可從中推測阿茲海默症罹病風險。

「23andMe」的基因檢測涵蓋了三種 ApoE 變異型：e2、e3 和 e4，其中你會希望自己沒有 e4 變異型。根據他們網站上的資訊，如果你屬於歐洲血統，那麼帶有一個 e4 變異型（人類有一對 ApoE 基因）表示你在 85 歲時有 18％至 35％的機率罹患阿茲海默症，若兩個 ApoE 基因都是 e4 變異型，罹病機率就會提高為 51％至 68％。幸好我的兩個 ApoE 基因都是 e3 變異型，e3 並非阿茲海默症的高風險因子。

我去拜訪了歐洲生物資訊研究所所長，同時也是遺傳學家的伊旺·伯尼博士（Ewan Birney），想聽聽他對這類檢測的看法。「我不好此道，」他說，「這些檢測是很好玩，可以追溯祖先來源，不過我不建議利用它們來監測你我的健康狀態。檢測結果可能會讓人過度擔心，一直糾結在這些可能對也可能不對的診斷結果上。所以最好的處理方式就是去拜訪對這方面有經驗的醫師，聽聽他們給你的忠告。」

伯尼表示，對於只受單一基因突變影響的性狀或病症而言，這些檢測相當可信，但對於許多常見疾病就不是這樣了。「對於心臟病和第二型糖尿病等大多數的常見疾病，醫師只要做一些簡單的檢驗項目，再了解你的家族病史，就能夠獲得比基因檢測多很多的資訊。」他說，「而且無論你帶有什麼樣的基因變異，醫師都會給你一樣的建議：飲食適量、別抽菸、多運動。」

麥可·莫斯里（Michael Mosley）　科學作家，兼 BBC 節目《相信我，我是醫生》（*Trust Me, I'm A Doctor*）主持人。

從狗身上尋找長壽祕訣

一項大型計畫以人類最好的朋友為研究對象，
探討環境因子和生理特性的影響，
也許可就此揭開生物老化的神祕面紗。

　　如果有人說，只要吞幾顆藥或打上一針，就可以多活 20 年，而且還是無病無痛的 20 年，你會有什麼反應？也許你會認為這是某種新的騙術。

　　但過去幾十年來，一直有團隊在研究身體老化時到底發生了什麼事，以及是什麼力量促成這些變化。雖然老化造成的效應顯而易見，導致它發生的體內機制卻仍令人摸不著頭緒。

　　如今老化科學吹起了一波新浪潮，不是以人類為對象，而是研究我們最好的朋友——狗。雖然對認識人

狗生活在與我們相似的環境中，因此可協助科學家了解人類生活環境對老化有何影響。

類的老化機制而言，研究狗兒看似不是最合情合理的做法，但牠們可以幫助科學家了解不容易在人類身上探究的生物機制。

狗與我們住在一起，所以同樣接觸了許多會影響人類老化的因子，而且牠們老得快，可縮短學者觀察老化過程的時間。另外一個重要因素則是，除了一身的毛和四條腿之外，其實狗與人比你所想的還要相像。

這就是為什麼許多探討犬隻老化機制的大型研究計畫，在過去幾年如雨後春筍般突然冒出，這些研究不僅對狗狗有益，同樣也幫助人類自己。美國一項「犬隻老化計畫」（DAP）從 2019 年 11 月開始，已招募了 80,000 隻狗狗加入。不久之後，研究人員將從中挑選特定生活方式和健康狀態的狗兒來深入分析，看看有什麼新發現。

部分狗狗也將參加一項藥物試驗，使用的是目前器官移植患者的用藥之一。實驗測試顯示該藥物具有延壽效果，對象從小鼠到果蠅應有盡有，不過這畢竟是實驗室裡的結果而已。但若藥物對於與我

們同居生活的狗也有類似作用，將成為目前最有力的證據，讓我們知道這種藥物對人類也有相同效果。

緣木求魚

思考老化相關的醫療，這件事本身與我們平常看待健康的方式有很大的差異。美國華盛頓大學老化生物學家，同時也是 DAP 計畫創始人的麥特・凱博雷因教授（Matt Kaeberlein）說，「過去 200 年來，我們總是想方設法要治病，但對於健康長壽而言，這顯然是錯誤的方式。」擁有德國牧羊犬多比（9 歲）和荷蘭毛獅犬寇依（14 歲）的凱博雷因說，「像打地鼠一樣，一次治療一種老化相關疾病，其實沒什麼效果。如果有種靈丹妙藥可以同時治療癌症、心臟病和腎臟病，以 50 歲女性為例，也許可以多活 10 年，但她還是可能繼續產生其他老化問題，如阿茲海默症、肝和肺方面的疾病，所以這對壽命的影響相對而言並不大。」這代表額外延長的這段人生可能並不健康。

凱博雷因表示，直接減緩老化程序會有效得多，「我們預期若鎖定老化的分子機制，對壽命會有更明顯的影響。更重要的是，這些多出來的壽命也會比較健康。」他說。

DAP 計畫的核心目標是探討人類生活環境，如日常接觸的汙染物如何影響我們壽命長短。接下來幾個月，加入這項計畫的狗飼主將需填寫一份問卷調查，有 200 到 300 道寵物健康狀態與生活方式相關的題目，從飲食到運動量無所不包。研究團隊會將這些資訊與每隻狗狗居住地的公開資料連結，例如當地空氣品質和附近綠地多寡。

「狗與我們處在相同環境中，在許多方面比我們接觸得更深更

廣，所以牠們也許是監測環境中促老化因子的前哨員。」計畫共同創始人、華盛頓大學老化專家丹尼爾‧博米斯洛教授（Daniel Promislow）表示，「我們一般每天都待在辦公室、喝的是瓶裝水而非自來水，而且不會把鼻子伸到泥土裡。」

此外，狗的老化速度是人的 7 到 10 倍。養了一隻混種狗飛盤（13 歲）的博米斯洛說，「在狗身上所有程序都會加速，所以若環境中具有會提高罹病風險的因子，比如內分泌干擾物或其他物質，在人類身上可能要 30 年才會顯現，但在狗身上只要 3 到 5 年。」

狗也會罹患許多與人類相同的疾病，「比方說癌症、腎病和腸道疾病。」博米斯洛說。而根據美國麻州大學醫學院艾莉諾‧卡爾森教授（Elinor Karlsson），共同點還不只如此，「當我向從事人類醫療相關的人演講時，我會列出一份用以治療狗焦慮症狀的藥物清單，這些正是他們用來治療人類患者的藥物。」她說。

卡爾森是另一項犬隻老化研究計畫「達爾文方舟」（Darwin's Ark）的創始人和首席科學家。身為四隻貓的飼主（從 3 歲到 16 歲都有），她希望能對家貓進行類似的老化研究計畫，這樣就更有機會找到對老化影響最大的因子。

人類基因體上有非常多區域與狗相似，這些 DNA 的相似之處非常重要，因為我們的壽命和老化程度除了受環境和生活方式影響外，也會受基因影響。有些引人注意的徵兆顯示，狗在這方面也可以提供一些有趣的觀點。

2007 年，一項針對 143 個品種的狗進行的基因研究發表在《科學》期刊上，結果指出狗的體型約有 50％是由單一個稱為 IGF1 的基因所調控，人體細胞中也有這個基因。小型犬如吉娃娃和北京狗，其

IGF1 都是同一版本，而好比大
丹狗的大型犬則是另兩種版本
的其中一種。狗的體型差異相當
大，但卻只由單一基因來調控，
著實令學者相當驚訝。

博米斯洛說，「另一個有趣
的地方是，實驗室的小鼠和果蠅
實驗中，IGF1 也與動物的壽命
長短有關。」

這又產生了一個有意思的問
題：是這個基因導致大型犬的壽
命比小型犬短嗎？這也是個出
乎尋常的現象，因為通常大象等
大型動物的壽命會比小鼠等小
型動物長，而 DAP 計畫也正在
尋求解答。

開路先鋒

家犬（*Canis familiaris*）最初
是在約 15,000 年前從歐亞灰狼
（*Canis lupus*）演化而來，經過

（右圖上至下）丹尼爾‧博米斯洛教授與飛
盤；麥特‧凱博雷因教授與多比和寇依；共同
創始人凱特‧克里維博士（Kate Creevy）與
詩人和蘇菲。

人工育種之後，如今成為地球上最多元化的物種。受英國育犬協會認可的犬隻品種共有 218 個，這些差異全都是研究老化的好機會。

「就體型、毛色和行為而言，狗是最多樣化的哺乳動物，此外表面看不到的部分也是，包括導致牠們死亡的疾病及壽命長短。狗兒提供許多機會可探討基因和環境如何影響老化。」博米斯洛說。

參加 DAP 計畫的狗依據研究項目可分為四組。飼主為此填寫了健康與生活經歷調查表，接下來幾個月，全部 80,000 隻狗將屬於「計畫群體」的一份子，研究人員將追蹤牠們的餘生，監測其健康變化及死亡年齡。計畫群體中，10,000 隻狗將接受全基因體定序，另外有 1,000 隻狗的飼主會收到一份組合包，讓他們交給獸醫以收集愛犬的毛髮、血液、糞便等檢體。這組狗兒將有助團隊更加了解狗的微生物體（同樣也與人類非常相似），以便探討微生物體在老化中扮演的角色。

接下來還有雷帕黴素（rapamycin）的試驗，這是一種具延壽潛力的藥物，將有 500 隻狗參加。參加此試驗的狗將在美國境內的教學醫院定期接受檢查，看看藥物對牠們有何作用。「我是愛狗人士，人生中一直都有狗的陪伴，所以想要嘗試一些絕對安全的試驗。」凱博雷因說，「器官移植患者會持續口服雷帕黴素好幾十年，且沒有出現重大問題。」

專家如今對於雷帕黴素如何減緩老化已經有了一些概念，也就是藉由降低體內 mTOR 蛋白質的濃度，來提高細胞自體吞

狗的體型有 50% 是由 IGF1 單一基因來調控，而它似乎與動物的壽命長短有關。

噬（autophagy）的比率，這是一種用以分解受損分子的程序，是細胞內的回收系統。凱博雷因說，「有明確證據顯示，增加自體吞噬有助於分解老化過程中的受損分子。分解後得到的小分子還有部分可供回收，再重組成新的分子。」

這些被分解的受損分子中，也包括摺疊錯誤且聚集成團的蛋白質，這類蛋白質常見於阿茲海默症患者的腦中。雷帕黴素也可協助回收被稱為「細胞發電廠」的粒線體。「如今已知粒線體會隨著年紀日漸損壞，而粒線體自噬作用（mitophagy）可分解受損粒線體，並回收成為其他分子的基本建構單位。」

雷帕黴素試驗並不是唯一一個測試延壽療法的犬隻試驗。由哈佛醫學院遺傳學家、知名的喬治‧裘奇教授（George Church）等人創辦的企業「回春生技」（Rejuvenate Bio），已開始進行犬隻延壽基因療法的前導測試，是將無害病毒注射入美國騎士查理士小獵犬體內，病毒中帶有的蛋白質基因，已知可藉由增進心臟健康及腎臟功能等機制而使身體恢復青春。如果順利，將納入其他品種的犬隻進行測試，並有望開始人體試驗。

凱博雷因也認為，這些針對狗兒的研究將能說服人們相信如今老化已在控制範圍內。「這不是科幻小說，而是扎扎實實的生物學。」他說，「如果能藉由延緩老化來讓人們的愛犬活久一點，也許就能改變大眾對於老化生物學的看法，進而認同一個概念─或許同樣的療法也能在人類身上看到類似效果。」

安迪‧里奇威（Andy Ridgway）　自由科學撰稿人，飼養一隻 2 歲的拉布拉多犬露娜。
譯者　賴毓貞 高雄醫學大學生物系畢。

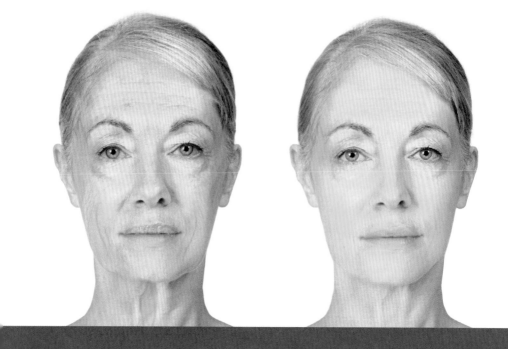

返老還童

科學家利用幹細胞研發的基因新療法，有機會讓我們逆轉衰老的過程。

科學家已知操控生物體內的特定基因能延緩老化並延長壽命，然而要研發出人體適用，又能停止老化相關疾病繼續惡化，或逆轉老化現象的安全技術，一直遙不可及。

不過美國加州沙克研究中心的研究團隊有項新技術，有機會讓我們朝醫界傳說的「青春不老藥」踏出第一步。

《細胞》期刊（Cell）不久前介紹了這項技術：四種和幹細胞有關的基因「開啟」後，便能逆轉人類皮膚細胞和活體小鼠的老化徵兆。這四種基因統稱為「山中因子」，

科學家常利用這些因子將任何種類的細胞轉變為誘導性多功能幹細胞（iPSC）。這種未特化的細胞能夠無限分裂，轉變為體內任何種類的細胞。

先前的研究已知，迫使細胞表現山中基因而轉變為 iPSC 的過程中，隨著這些細胞回溯至更基礎的細胞類型時，會看起來比較年輕，原有的細胞老化標記也會消失。但若在活生生的動物體內同時誘導大量細胞轉變為 iPSC，可能會讓器官的許多細胞失去原有功能而無法正常運作，使動物因器官衰竭而死亡。

不過沙克研究中心的研究團隊還是決定要讓細胞以週期性、短期表現山中因子，他們希望這些細胞會出現一些山中基因的抗老化效果，而不是真的轉變為幹細胞。

研究團隊首先在小鼠和人類的皮膚細胞上測試這個想法。他們讓細胞週期性表現山中因子後，這些細胞的某些老化特徵出現逆轉現象，而且並未喪失皮膚細胞的特性。

研究團隊接著針對罹患早衰症（會造成加速老化的疾病）的小鼠進行試驗，他們在這些小鼠體內多次誘導細胞短期表現山中基因後，改善了牠們的心血管效能，其他器官的功能也有好轉，而且牠們的壽命延長了 30%。

重點是，許多以幹細胞為基礎的技術常會遭遇罹癌率增加的問題，但這些小鼠並沒有特別容易罹癌。

接著科學家將這些成果運用於年老但正常的小鼠。一般身體的自我修復能力會隨著年紀增長而退化，然而這項技術改善了這些小鼠胰臟和肌肉的自我修復能力。

「小鼠不是人類，我們知道要讓一個人返老還童可沒那麼簡單。」研究論文的共同作者伊斯匹蘇亞·巴爾蒙特（Izpisua Belmonte）說，「不過這項研究顯示，老化是具可塑性的動態過程，因此比我們以前所想的更容易透過治療來改變。」

傑森·古迪爾（Jason Goodyer） BBC Focus magazine 撰稿編輯。
譯者 賴毓貞 高雄醫學大學生物系畢。

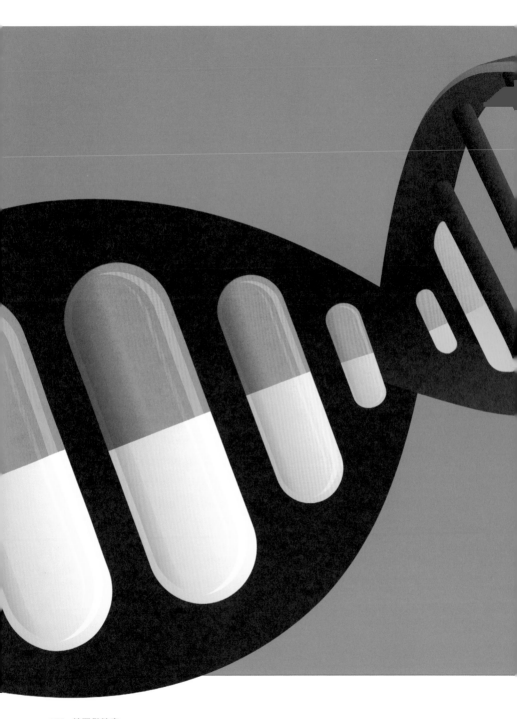

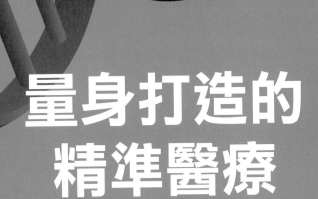

量身打造的精準醫療

醫師為病人開立的抗癌處方中，高達 75％的藥物對該名病人沒有效果。因為藥物臨床試驗針對的是一般人，然而我們每個人還有我們罹患的疾病，都是獨一無二的，一點也不普通。

相較於過去，現代醫學創造了許多奇蹟，卻有個相當大的盲點。儘管每天都有嶄新科學突破或是醫療新進展，醫師都知道，即使是最神奇的特效藥，仍對大部分的病人起不了作用。

醫師開立憂鬱、氣喘和糖尿病等疾病的常用藥物給病人時，大約 30 至 40％的病人無法獲得預期療效；而難以治療的關節炎、阿茲海默症和癌症，無法從療程中獲益的病人比例更高達 50 至 75％。

這個問題源自於研發治療方法的方式。傳統上，如果某種藥物在人體試驗中，對多數具有相似症狀的人產生療效，就會獲得核准；日後便能用這種藥物治療特定症狀，但不會有人過問，那些試驗中未出現治療效果的病人到底發生什麼事。當這項藥物上市，並經由醫師開立給所有相同症狀的病人時，就會像人體試驗時一樣，許多人會覺得這種最新的「特效藥」沒有大家所說那麼神奇。

「一體適用」的藥物研發系統雖然找出不少 20 世紀最重要的藥物，如今卻顯得成效不彰、過時而且危險。利用此系統研發藥物時，針對的是「普羅大眾」，然而事實上，我們每個人還有我們罹患的疾病，都是獨一無二的，一點也不普通。而且許多藥物不只對於部分目標病人沒有效果，還可能造成嚴重不良反應。

令人欣慰的是，有個全新的藥物研發方式正在加緊趕上。隨著我們越來越了解人類個體間的基因差異，醫學專家開始修正醫療保健的建議和治療方法，使醫療更適合個人而非全體。

個人化醫療（又稱「精確醫療」）參考病人的基因資料以及其他與健康相關的分子層次資料，藉此為他（以及基因特徵類似的病人）設計最佳治療方式。

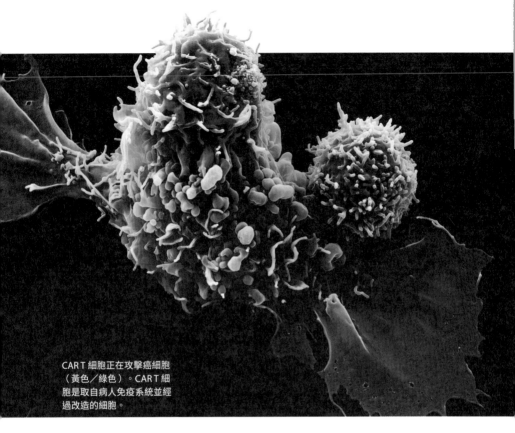

CAR T 細胞正在攻擊癌細胞
（黃色／綠色）。CAR T 細
胞是取自病人免疫系統並經
過改造的細胞。

　　我們一向認為基因影響的是身高、瞳孔顏色或是否罹患遺傳疾
病等等明確特徵，但事實上這些與生俱來的基因組合，會在一生
當中以各種微妙的方式影響我們的發育和健康。例如隨著年紀漸
長而罹患特定疾病的可能性、我們代謝食物的方式以及對特定藥
物的反應。

　　依據我們現在對基因的了解，參考基因層次的治療看來理所當
然，但一直到近十年 DNA 定序技術突飛猛進，才得以實現。

　　國際間彼此合作，花費超過 10 年、投入約 900 億台幣，才在
2003 年解開人類基因體的密碼。爾後不過 15 年，定序一組人類

基因體只要數小時就行了，且要價不高。這表示研發新療法的醫師和研究人員，比以前更容易取得基因資訊。

抗癌大作戰

目前這種全新個人化醫療方式，對於腫瘤學（也就是癌症治療）的影響最大，尤其是肺癌治療，精確醫療可說是大獲成功。

醫師多年來老是搞不懂，為什麼常見的抗癌藥物 TKI（酪胺酸激酶抑制劑，可使腫瘤停止生長）只對大約 10％肺癌病人有效。2000 年代晚期，研究人員檢視病人腫瘤 DNA，發現 TKI 只對 EGFR 基因有特定突變的病人才有作用；這種突變會讓細胞不受控制地生長，而 TKI 會阻斷突變造成的生長效果，使腫瘤縮小。但如果腫瘤源自不同的基因突變，病人反而會因 TKI 承受一連串副作

「23andMe」是最先上市的基因檢測組，英國消費者在大型藥局即可購買，它能讓你更了解自己的遺傳性狀和祖源。

用，且毫無治癒的可能。

幸好後來發現不同的肺癌核心基因，進而改變了診斷程序，不再單純依照癌症的生長區域以及顯微鏡下的情形來分類，而是檢測其中的突變基因，再選擇治療方式。即使腫瘤在治療期間發生突變，對基因專一性藥物產生抗藥性，醫師仍然可以追蹤基因變化，選擇其他的治療標靶。

還有更精確的抗癌療法指日可待——免疫療法，也就是改造病人自身的免疫細胞，用以攻擊腫瘤細胞。這些稱為 CAR T 的免疫細胞，萃取自病人體內，並在實驗室經基因改造，能辨識病人癌症細胞上的特定分子標記，再注入病人體內以攻擊腫瘤。類似療法已在臨床試驗中獲得不錯的成果，並在 2017 年 8 月獲得美國食品藥物管理局（FDA）核可。

個人化醫療對於藥物安全性也有很重要的貢獻。雖然對藥物產生嚴重不良反應的情形看似罕見，但令人訝異的是，它是北美洲第四大死因，占住院總人次高達 7％。這個問題同樣是因為我們總以相同療法，治療各不相同的病人所致。

簡單的基因自我檢測，可以讓你對於將來可能出現的健康問題有個初步概念，而由專業人員進行的更深入檢測，則能夠找出導致部分病人對特定藥物過敏的關鍵基因。或者檢測病人是否對特定藥物的代謝速度過快，而需要較高劑量。這種方式稱為藥物基因體學，目前在醫院和一般診所仍相當罕見。不過正在研發的新軟體，未來能幫助醫師依據病人的基因組成，決定處方和劑量。也許日後領藥時，藥劑師甚至會先檢查你的基因，再拿適合的藥給你。

基因體定序

「全基因體定序」也就是讀取人或生物的完整 DNA 序列，得到一長串由 A、G、T 及 C（個別代表不同含氮鹼基）組成的序列。人類基因體序列大約由 32 億個鹼基對組成，在這些基因密碼中，許多片段沒有明顯功能，因此定序常常針對基因體中含有功能基因的部分（外顯子組），或是只用來了解有變異或值得關注的重要片段。

首先必須從細胞檢體中抽取 DNA 並加以純化，如果只獲得極少量的 DNA，則可以利用化學製劑「增量」，讓研究人員有足夠的樣本得以作業。

為了取得人類基因體中一連串的化學單位序列，須將這些純化並增量後的 DNA 切成數千個片段，利用電流將這些不同大小的片段區分開。在傳統 DNA 定序技術中，這些片段會以「條帶」的印記呈現在影像上。

過去必須辛苦地用肉眼分析這些條帶，並且一次只能判讀一種字母；現在有了厲害的高通量定序儀，可以大幅縮短定序時間。

資料導向

個人化醫療不只與基因有關，未來還會取得並判讀病人各種分子層次的相關資料，達到過去不及的精確醫療。

加拿大英屬哥倫比亞大學的生化學家、著有多本個人化醫療書籍的彼得‧卡利斯教授（Pieter Cullis）說，「現在已有技術可以透露你的基因體、蛋白質體組成、代謝概況，還有個人微生物體等等細節，而且越來越多人能夠負擔這筆費用。」他補充，「分析基因可以獲得許多資訊，但你的基因不會隨時間變化，因此無法得知你是否已經罹患特定疾病，或者你接受的療法是否有效。不過透過血液中的蛋白質或代謝物，便能即時掌握身體狀況的趨勢，或是使用中的藥物是否產生預期效果。」

科學家只要有血液檢體，就能在明顯生理症狀出現之前，及早偵測出大部分常見疾病的化學線索「生物標記」。例如許多胰臟癌病人是在症狀出現之後才被確診，這時疾病多半已嚴重惡化；胰臟癌甚至有可能長達 15 年才出現症狀，然而在這之前，其實已釋放暗示可能出現胰臟癌的生物標記，只要做分子檢測就可得知。

依據卡利斯的說法，結合強大的電腦計算能力、基因和生醫相關的龐大資料庫以及眾多高明的基因專家，就能徹底改革醫療程序。「我們正在從以疾病為導向的醫療方式，轉變為預防性醫學。」他說，「在這些疾病發生之前或是早期階段，就把它們揪出來。」

全美兒童醫院基因體學教授、個人化醫療專家伊蓮‧瑪迪斯博士（Elaine Mardis）稱此為「精確預防」。

她說，「這是指更加頻繁地監測及篩檢易罹患特定疾病的民眾。

舉個最極端的例子，如果病人罹患的是會增加 DNA 突變率或造成 DNA 修復機制功能不全的疾病，都會提高他們日後罹癌機率，醫師便能事先讓他們接受可延緩癌症的療法。」

目前有種針對腎臟癌、口腔癌以及卵巢癌等多種疾病研發的類似療法，稱為「癌症疫苗」，這是專為病人量身打造的療法，可幫助人體對特定癌症產生「免疫作用」，瑪迪斯說，「我認為這是癌症治療中最極致的精確療法。」

不只是癌症

除了癌症，個人化醫療也涉足其他領域。英國惠康信託桑格研究院近年指出，最常見也最危險的白血病並非單一病症，而是 11 種對治療各有不同反應的疾病。

人類免疫不全病毒（HIV）和 C 型肝炎病毒也有許多品系。收集病人的基因體資料以及分析體內病毒，可以幫助醫師決定該以何種藥物組合來治療特定品系造成的疾病，而且病患比較不會出現副作用；這非常重要，因為讓人不舒服的副作用會導致部分病人不願意繼續接受治療。這種雙管齊下的方式，使加拿大 HIV 感染者的死亡率降低了 90％。

對於難以治療的阿茲海默症，可由基因分析得知疾病亞型，以及如何治療才有最佳效果；還可藉由微妙的化學線索，在症狀不明顯時就診斷出來，讓醫師提早為病患治療。

雖然有這些令人興奮的研究以及深刻的成功案例，目前英國醫療保健體系中，仍只有少數人能夠進行個人化醫療所需的專業生物分子分析。英國國家健保局（NHS）等大型衛生單位，還沒準備

好收集並分析腫瘤科病人以外的生物分子資料。曾接受基因體定序的人占總人口的比例實在少之又少，畢竟個人化醫療往往被當作最後手段，或者只用於少數幸運獲選臨床試驗的病人。

不過事態漸漸在改變。英國「10 萬基因體計畫」已定序大約七萬名癌症患者或罕見疾病患者及其家人的基因體，NHS 也在近年發表了個人化醫療策略，協助更多領域的衛生醫療體系正式採納精確醫療。

2015 年，當時的美國總統歐巴馬發起全球最大型的精確醫療計畫，目的是到了 2020 年，要招募並收集 100 萬名自願者的基因定

歐巴馬任職美國總統時，提出精確醫療計畫，打算為 100 萬名自願者進行 DNA 定序，並持續追蹤他們的健康狀況。

未來家庭醫師

如果真能兌現所有個人化醫療的好處，那麼看病這檔事可能會與現在大相逕庭。首先，可能是你的醫師要求與你會面……

● 為了持續追蹤即時健康狀況，你必須定期將血液或其他檢體資訊上傳至網路，讓專家進行遠端分析。

● 在具有資料重整能力的演算法協助之下，分析師能夠在出現首個（與疾病或健康不佳相關）化學徵兆時，或完全沒有任何症狀之前，立即通知你的醫師。

● 有了你的分子資料、基因組成、家族史以及相似病人的相關資訊，醫師甚至能在你覺得不舒服之前，針對你的病情和基因組成，安排最適合的療程。

● 治療期間也會持續監測你體中相同的基礎分子及疾病發展，以便隨著你的身體反應，調整療法。

● 如果分子分析技術夠先進，也許能透過網路通訊軟體等方式，完成多數診斷和治療決策程序。

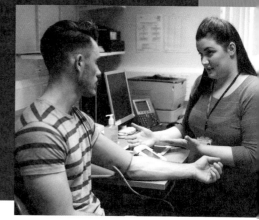

序資料。依據卡利斯的說法，2016 年美國核准的藥物當中，大約 40％ 屬於「個人化」藥物，也就是需要搭配基因檢測，確保能夠精確作用於標靶。卡利斯說，「癌症領域已發生轉變……未來這些公司會定序你的腫瘤基因體，找出最適合你的療法。」

如果要讓所有醫療保健領域都採用個人化醫療，需要大幅重整各體系人員和結構。

「個人化醫療有一大部分著重於預防醫學與治療，這是醫療保

健體系從未關注的領域。」卡利斯說，「這將造成大規模變動，不只需要醫師，還需要許多受過生物分子分析訓練的人員。而率先接受這類醫療的人會是那些能夠自行負擔醫療費用的病人。」

卡利斯預見未來數十年，人們可能不再看醫師，而是定期向「分子顧問」諮詢。只要將血液檢體資訊上傳至網路，分子顧問會分析血液中的生物標記，再依據個人基因組成，透過線上通訊軟體提供建言，推薦客戶適合的治療方式。

「分子分析將對醫師造成顛覆性影響，」卡利斯說，「它將取代診斷和開立處方的程序，而醫師將變成你的健康教練，負責讓你保持健康，並注意你是否出現某些徵兆，需要更常出門走走或改變飲食等等。」

那麼，是時候將自己的基因體拿去定序了嗎？不，時機尚未成熟。「現在定序基因體大約需要三萬台幣，附帶分析資訊大約需要六萬。」卡利斯說，「我定序了基因體，但是並沒有得到真正有用的資訊。定序結果告訴我，我在年輕時容易受到感染，可是我已不再年輕。」

不過隨著現代醫療保健體系將基礎建設的重心放在生物資訊和基因醫學上，未來醫療一定會繞著你的基因打轉。

「基因體定序將會越來越便宜，」卡利斯說，「而且只要做一次就夠了。當各體系就定位之後，未來每當你去看醫師，定序結果都能提供重要資訊。」

湯姆・艾爾蘭（Tom Ireland） 科學記者，亦為英國皇家生物學會總編輯。
譯者 賴毓貞 高雄醫學大學生物系畢。

1996 年 7 月 5 日 誕 生 的 **桃莉羊**是第一隻利用成年細胞複製而成的哺乳動物

英國法律在 2015 年允許粒線體（細胞的「發電廠」）DNA 帶有異常突變的女性在想生育時，得以使用另一名女性的粒線體 DNA，此方式誕生的小孩會擁有三個人的 DNA，稱為**三親嬰兒**

2016 年的基因改造種子銷售額逾

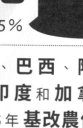

450億元

相當於全球市售種子銷量額的 35％

採無性生殖的生物在繁殖時會複製出與親代完全相同的子代，這是自然界的「天然」複製程序

美國、巴西、阿根廷、印度和**加拿大**是 2015 年**基改農作物**種植面積**前五名的國家**

食用非基改食品會使一般家庭一年的飲食預算平均，從大約 **27 萬元**提升至 **35 萬元**

美國境內販售的黃豆、棉花、玉米和甜菜

90%

是基因改造作物

目前研發出一種**基因改造蘋果**

可減輕果肉因碰撞或氧化所造成的褐變，這是因為蘋果內會造成褐變的酵素變少了

基因大未來

基因工程或將成為許多難題的解決方案，它可以幫助我們消弭飢荒、治療疾病，還能拯救瀕絕生物免於滅亡。不過前提是我們必須對基因與遺傳學有足夠了解，以免在編輯基因密碼時（無論是編輯人類或其他生物的基因）產生其他風險。那我們接下來該怎麼做？應該利用基因工程來解決哪些問題？要拯救哪些物種？又該復活哪些已絕種的生物呢？

複製羊，後來呢？ 第 **122** 頁

三親嬰兒將迎來曙光？ 第 **132** 頁

該拒絕基改食物嗎？ 第 **144** 頁

生物駭客 第 **154** 頁

複製羊，
後來呢？

英國的研究團隊複製出桃莉羊已超過 20 年，

從那時起，科學家也複製了其他動物，

但這樣做是對的嗎？

至於複製人類這個議題，未來又會如何發展？

　　雖然胚胎生物學家比爾・瑞奇（Bill Ritchie）早就知道桃莉羊會是大新聞，不過在記者爭相報導複製羊之時，他依然對於桃莉羊引起的騷動感到吃驚。「那個星期一早上，研究所外停滿了衛星轉播車，忙著向全世界發送新聞。」當時任職於英國愛丁堡大學羅斯林研究所，也是桃莉羊團隊成員的瑞奇說，「一切都亂成一團。」

　　一名記者想像桃莉羊代表著「科學界將出現一場相當於原子彈、登月火箭或 DNA 般的大躍進」；

還有人指控科學家是在「扮演上帝」,也有些人預期將會出現幾千隻一模一樣的複製姊妹羊。有名評論家甚至擔憂地預言,「一般大學生或研究生將有可能複製人類。」然而也有些人的反應比較正面,認為複製技術是瀕危物種的救命仙丹。

有鑑於複製動物激起極大的震撼,對於未來的發展也眾說紛紜,我們的確應該問問,到底發生了什麼事?複製動物都去哪了?哪些成功、哪些失敗?還有誰為了什麼原因在複製動物?桃莉羊出現超過 20 年後,牠留下了什麼?

瑞奇說,「每個人都認為複製動物很簡單。」但事實並非如此。以桃莉羊為例,瑞奇成功複製出 277 個綿羊細胞,其中只有 29 個能夠正常分裂,他將它們植入代孕母羊體內,最後只有一隻小羊順利誕生。「這項技術並不是特別有效率。」瑞奇解釋,「我有時還會納悶,到底是怎麼成功的。」

那麼到目前為止,我們有任何改良技術可以協助提升效率嗎?「不多。」瑞奇說,「複製動物的程序還是很沒效率。」這足以說明為什麼許多預期的應用領域都沒有進展。

舉例來說,畜牧業者應該很希望能複製出一大群最值錢的動物,同時改善並維持這些動物的品質。然而複製複製羊,後來呢?成功率太低,再加上人們對於食用複製品仍有疑慮,因此只有最勇於冒險的人才敢挑戰。博雅集團(Boyalife)旗下、全世界最大的動物複製工廠 2016 年在中國天津開始營運,為了因應中國逐年成長的牛肉需求,他們的目標是生產 10 萬個高品質母牛胚胎,最終希望增加至每年 100 萬頭牛。

低效率和激勵措施

　　低效率產出也意味著，複製有價值的動物仍屬於小眾活動，只有超級大富翁才負擔得起。例如美國愛達荷州的企業家，同時也是賽驟愛好者的唐納‧傑克林（Donald Jacklin）便將部分財產投入複製驟的計畫。複製技術也可用於製造去勢賽馬的複製品，雖然不便宜，但與一匹珍貴種馬所能獲得的巨大利益相比，還是有足夠的金錢誘因。那麼，複製動物真的有意義嗎？可以複製人類嗎？我們會走向什麼樣的未來？

有辦法複製尼安德塔人嗎？

尼安德塔人的基因體，在 2010 年定序完畢。在此同時，新的基因編輯工具問世，也逐漸克服「讓滅絕物種重生」的技術問題。所以技術上來說，我們確實可以嘗試複製尼安德塔人。首先找個代理孕母，然後把尼安德塔人的 DNA 注入人類幹細胞，讓代理孕母孕育尼安德塔人胚胎。然而孕母跟胚胎最終可能無法搭配，而白忙一場。此外，由於尼安德塔人是我們最接近的近親，所以複製尼安德塔人受到的管制，可能會跟複製人類或生殖性複製一樣嚴格，這在大多數國家是不合法的。

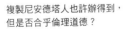
複製尼安德塔人也許辦得到，
但是否合乎倫理道德？

複製是如何進行的？

胚胎早期的細胞幾乎無所不能，能夠轉型為生物的任何一部分，也許是皮膚細胞、肌肉細胞、神經細胞或是血液細胞。在桃莉羊誕生之前，每個人都認為在哺乳動物中，這個特化（也就是分化）的過程是不可逆的，而桃莉羊證明了事實並非如此。

❶ 科學家從一個卵細胞開始。

❷ 取出卵細胞的細胞核（細胞中含有大多數遺傳物質的部分）。

❸ 以細針汲取一個已分化的細胞，圖為成熟個體的乳腺細胞。

❹ 將乳腺細胞注射入卵細胞，施以微量電脈衝讓細胞核與新的細胞環境融合，並啟動細胞分裂程序。

❺ 卵細胞與已分化的細胞融合。圖中可以看到卵細胞現在有了細胞核（中央偏上方）。

❻ 將胚胎植入代理孕母的子宮，代理孕母會孕育複製體直到分娩。

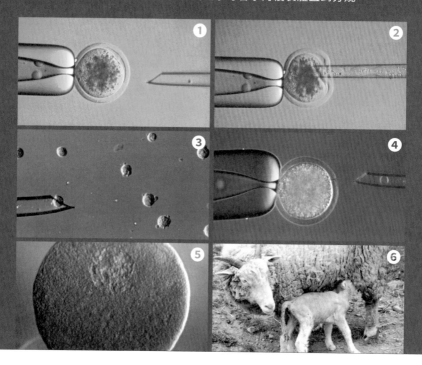

複製動物大事紀

1894

德國生物學家漢斯‧德利希（Hans Driesch）將處於兩顆細胞階段的海膽胚胎（取自義大利拿坡里灣）連水裝進燒杯加以震盪，最後這兩個細胞分開，長成兩個獨立但一模一樣的海膽。

1902

德國科學家漢斯‧斯佩曼（Hans Spemann）利用他強褓中兒子的細髮將蠑螈胚胎一分為二，結果他得到了兩隻蠑螈。

1952

美國的科學家羅伯特‧布瑞格斯（Robert Briggs）以及湯瑪斯‧金（Thomas King）成功將取自青蛙胚胎細胞的細胞核，轉移至已取出細胞核的卵細胞中。

1962

英國牛津大學的生物學家約翰‧戈登（John Gurdon）使用成蛙（而非胚胎）細胞的細胞核，證實已分化細胞的細胞核仍具有生成完整動物個體的能力。

1963

中國胚胎學家童第周將相同的技術應用在魚身上，他的研究結果一開始只以中文發表，因此並未在中國以外的地區引起太多注意。

1996

複製桃莉羊的技術源於戈登的方法，證實即使是哺乳動物已分化細胞的細胞核，仍保有從一個細胞打造完整動物的能力。當時共複製了 277 個綿羊細胞，其中 29 個發育為胚胎，桃莉是唯一植入代理孕母體內後，仍持續發育的胚胎。

2001

美國德州農工大學的研究團隊，製作出第一隻複製寵物從「CC」，也就是 Copy Cat（複製貓）和 Carbon Copy（複寫副本）的縮寫。

2001

美國先進細胞科技公司的科學家首次複製出瀕危物種，即亞洲原生種的印度野牛「諾亞」，然而諾亞僅活了兩天便死於痢疾。

2005

具爭議性的南韓科學家黃禹錫使用阿富汗獵犬的耳朵細胞製作出世界首隻複製狗「史努比」，代理孕母是一隻拉布拉多犬。

複製技術如何打擊疾病？

複製有價值的應用之一，即改良現在用來研究人類疾病的小鼠模式。

「小鼠不是人類。」桃莉羊計畫的重要人物，現任德國慕尼黑工業大學家畜生物科技學系系主任的安潔莉卡‧許尼克（Angelika Schnieke）說，「豬雖然也不是，但豬在生理上比小鼠更接近人類。」過去幾年，科學家已經利用複製技術製作出囊腫性纖維化、腸癌、糖尿病及心血管疾病的模式豬，這些豬也用於測試新的藥物、造影技術以及療法。

此外，複製技術也讓我們離使用豬隻器官進行移植手術的世界越來越近。研究人員藉由改造豬胚胎中的細胞，再加入少許人類基因，即可避免複製豬的器官被人類免疫系統所排斥。

有了複製技術，也有機會製造可對抗常見疾病的基改動物。例如 2014 年，中國科學家使用基因改造技術加上複製技術，製造出對引發乳腺炎（會使乳房組織疼痛並發炎）的細菌具有抗性的母牛。這項研究除了有助於改良所有家畜外，業者因此可免於數百億元的損失。類似的方法也能夠製作抗非洲錐蟲病（又稱昏睡病）的基改牛，引起昏睡病的寄生蟲是造成撒哈拉沙漠以南的地區，牲畜產量受限的主要因素。

2018 年，中國科學院上海研究團隊宣布他們複製了兩隻雌性長尾獼猴，中中和華華，希望藉由他們來研究癌症、帕金森氏症和阿茲海默症的療法。與用於疾病研究的其他複製動物（例如小鼠）相比，猴子顯然更接近人類，而事實上，模擬阿茲海默症小鼠身上所進行的症狀治療測試，全都失敗。為了複製而繁殖猴子和其他動物，其衍生的成本和道德問題仍然有爭議。

不過複製技術也可能對環境有益。加拿大貴湖大學的研究團隊以基因改造方式創造出了環保豬（Enviropig），這些豬的體內多了一種酵素，可減少牠們糞便中的磷含量，進而降低對環境的汙染。

南韓黃禹錫教授的助理，
從牛和豬的卵巢中取出卵子。

我們可以創造出猛瑪象嗎？

南韓、日本和美國則分別有三個團隊，正嘗試要復活冰河時期最具代表性的野獸：猛瑪象。但重生動物會和原來絕對不可能完全一樣，就算它是一隻透過人工技術帶有猛瑪象 DNA 的大象。牠將具有長而粗糙的毛皮、一層厚厚的保溫脂肪，以及在體溫零度以下，仍舊能夠運送氧氣的血紅素。這將是一隻看起來像猛瑪象的大象，只是 DNA 被改變而能夠生存在寒冷環境。如果你喜歡的話，可以叫牠「猛瑪大象」。

科學家也致力使其他動物重生。回到2003 年，歐洲科學家成功讓滅絕的庇里牛斯山羊（*Capra pyrenaica pyrenaica*）再次誕生。可惜這隻羊寶寶在出生後幾分鐘就死了，所以庇里牛斯山羊不僅是第一個重生的滅絕動物，也是第一個滅絕兩次的動物。

從那時起，科學家一直在改良與開發復活滅絕物種的方法。在澳洲，麥克·阿切爾教授（Michael Archer）和同事正在設法復育胃育蛙。這種動物非常特別，會在胃中養育幼蛙，直到完全成熟。目前為止，這個團隊已經培養出「幾乎」可以變成蝌蚪的胚胎，下一步是要讓這些胚胎變成青蛙。阿切爾相信他們遲早能達成這個目標。

你會複製寵物嗎？

南韓首爾的秀岩生物科技基金會實驗室，會定期為中央警察局複製狗，甚至提供複製寵物狗的服務，費用大概是 260 萬台幣。但是，儘管複製狗與你過去的忠實友伴十分相像，但牠們不會完全一樣。就如同卵雙胞胎會發展出不同性格、身體特徵和疾病，「可魯二世」也將會長成一條不同的狗。

當前的複製技術還不太可靠，通常需要嘗試 100 多次才能成功複製出健康的動物，即便如此，子宮內的狀況和其他環境因素，最終也會對狗的外觀和個性產生巨大影響。

南韓秀岩實驗室複製出來的鬥牛犬正咆哮著，吸引大家關注。

我們能讓恐龍復活嗎？

很可惜，現實中侏羅紀公園是不可能存在的。要讓恐龍復活，必須要有這種動物的 DNA。然而 DNA 會隨時間分解，科學家認為樣本年代若超過 100 萬年，就不大可能發現 DNA。恐龍早在 6,500 萬年前就已滅絕，所以抱歉，沒有恐龍 DNA 就沒辦法讓恐龍復活！

贊成

根據德國慕尼黑工業大學，家畜生物科技學系主任許尼克的說法，複製技術有許多應用方式，對於生醫科學極有價值，她說，「複製技術讓我們能夠在精確控制下改造動物。」結合基因編輯術與複製技術，應該能夠製作較不容易生病的家畜，還能改善動物福祉以及人類生計。複製技術讓我們能夠用更準確的模式動物來模擬人類疾病，也提供可用於移植的器官。許尼克表示，禁止複製才是不道德的，「如果我能運用更精確的方式，而且可降低動物的使用量，那應該要去執行，這樣才合理。」她說，「對動物與人類而言，若我們能夠明智地運用這項技術，世界將變得更美好。」

反對

英國基因監督機構（GeneWatch UK）的主任海倫·華勒斯（Helen Wallace）認為，桃莉羊是我們與大自然之間的轉捩點，人類自此走向「將動物視為物品，隨心所欲創造牠們。」而且依然沒有效率的複製過程也是一大問題。華勒斯說，「有許多動物為此接受手術，但複製胚胎常常流產或提早死亡。」華勒斯對於複製技術在畜牧業與寵物上的應用，立場非常明確：不允許這麼做。她表示，即使是用以改善動物和人類健康，仍需要進一步審查，「應盡可能地考慮替代方案，並研發不須使用動物的實驗方法，且更加廣泛地運用這些方法。」

亨利·尼可斯（Henry Nicholls）　作家兼科學撰稿人。著有《睡眠腦科學：從腦科學探討猝睡症、睡眠呼吸中止症、失眠、夢魘等各種睡眠障礙》（*Sleepy Head: Neuroscience, Narcolepsy and the Search for a Good Night*）。

海倫·皮契（Helen Pilcher）　作家兼科學撰稿人。著有《生命恆變：人類如何影響地球生物》（*Life Changing: How Humans Are Altering Life on Earth*）。

譯者　**賴毓貞**　高雄醫學大學生物系畢。

三親嬰兒
將迎來曙光？

擁有「三親」DNA 的嬰兒，

2016 至 2017 年間首見於墨西哥與烏克蘭。

往後是否有更多的三親嬰兒，有機會誕生？

2015 年 2 月，英國國會投票通過 2008 年人類受精與胚胎學法修訂案，允許帶有粒線體疾病的家庭使用「三親」試管嬰兒技術。這些疾病的致病基因是透過有「細胞電池」之稱的粒線體，由母親遺傳給子女。

粒線體是細胞裡小型扁盤狀的胞器，主要功能是製造生物的能量貨幣 ATP。不同類型的細胞所含的粒線體數量可能差異很大：紅血球當中一個都沒有，而每個肝細胞可能有多達 2,000 個粒線體。

人類卵細胞和大部分細胞一樣，粒線體分布在細胞質中，精子細胞的粒線體則全部集中於尾部。受精期間，帶有基因的精子頭部進入卵細胞，尾部（包括粒線體）則留在外面，這就是為什麼我們只會遺傳到母親的粒線體 DNA。

如果粒線體功能異常，可能會導致多種目前無法治療的疾病，病徵通常會出現在腎臟、心臟、肝臟、腦、肌肉和中樞神經系統等最需要能量的器官。粒線體疾病的患者常常活不過嬰兒期，不過也可能發生在青少年或成人時期。

粒線體是細胞的「電池」，也擁有自己的 DNA。

估計英國每 200 名兒童就有一名某種基因突變的帶原者，可能在某個階段發展出粒線體疾病。每一年，6,500 名新生兒中，就有一名天生罹患重度粒線體疾病，他們無法長大成人，甚至無法活過週歲。

莉茲·寇蒂斯（Liz Curtis）的女兒莉莉在八個月大時死於萊氏症（Leigh Syndrome）。寇蒂斯說，「粒線體疾病既可怕又殘忍，尤其當你身為父母卻束手無策。」雖然莉莉很小就去世了，不過其他相同疾病的患者通常可以活到 5 至 10 歲，他們的身體會漸漸退化。寇蒂斯說，「看著孩子逐漸無法走路、說話、進食，最後無法微笑，實在令人心碎。」為了紀念女兒，她創立了莉莉基金會，協助有粒線體疾病孩子的家庭，並資助相關療法的研究，因為當時沒有任何方式能夠阻止莉莉的死亡。

英國目前每年有超過 150 名新生兒罹患重度粒線體疾病，他們自己或家庭往往渾然不知。新的研究顯示，粒線體異常可能也與攝護腺癌和阿茲海默症等老年疾病有關。寇蒂斯就和大多數的父母一樣，完全不知道她帶有什麼基因缺陷，「我從來沒聽過粒線體疾病，我的家人也是，這完全出乎我們意料之外。」

至於為何有些人和寇蒂斯一樣，帶有突變的粒線體基因、但本身沒有出現症狀，主要是因為粒線體具有奇怪的「異質性」。

人體內所有非生殖細胞的細胞核都含有完全相同的 DNA，但是粒線體基因卻非如此。細胞分裂時會複製染色體，讓分裂後的兩個子細胞收到相同的染色體，但是小小的粒線體（別忘了，一個細胞可能有多達 2,000 個粒線體）是隨機分配到兩個子細胞中，哪個子細胞會得到帶有什麼基因的粒線體是機率問題。這說明了為什麼未必每個兄弟姊妹都會遺傳到粒線體疾病，以及為什麼母親

艾蘭娜・沙瑞南（Alana Saarinen）經由「卵細胞質轉移」的試管嬰兒技術而誕生，
FDA 在 2001 年禁止了這項技術。

帶有危險基因但毫無警覺。

　　因此，可能造成疾病的突變基因會隨機且不均勻地散布在不同
細胞中。致病的粒線體突變基因不只因人而異，在同一人的不同
組織之間也有差異：我們每個人體內的粒線體就像是馬賽克拼花。
任何細胞中異常的粒線體基因必須達到特定的數量門檻才會發病。

屏除缺陷粒線體

　　2015 年初在英國通過合法的技術讓媽媽產下的寶寶具有媽媽的

基因，但又不會遺傳到危險的粒線體突變基因。這樣的過程稱為
「粒線體捐贈」或「粒線體轉移」。帶有異常粒線體基因的女性
如果想要生小孩，可以選擇從卵細胞中取出細胞核 DNA，植入擁
有健康粒線體的捐贈者卵細胞中，接下來以父親的精子讓這顆卵
受精，再將受精卵植入母親子宮內，後續則為一般的懷孕過程。

英國新堡大學惠康基金會粒線體研究中心最近的研究結果估計，
英國有 2,473 名女性可能將粒線體疾病遺傳給子女，她們可能是這
項技術的受益者。

寇蒂斯說，「我非常高興修訂案通過了。知道有風險的家庭能
夠擁有健康的小孩，就是最棒的回報。」

三親其實並非首例

媒體將這個方式誕生的小孩稱為「三親寶寶」，因為他們帶有
三人的 DNA（雖然只有 37 個基因是來自捐贈者的卵細胞，而來自
母親的基因多達兩萬個）。

英國倫敦大學學院兒童健康研究所的小兒代謝醫學教授莎米瑪‧
拉曼（Shamima Rahman）從 20 年前就開始研究粒線體疾病，她
表示，「聽到『三親嬰兒』這個詞讓我感到非常遺憾。我們面對
的是一系列沒有人真正了解的疾病，更不用說要治療了，這很令
我擔心。這些疾病讓患者極度衰弱，讓父母心碎。」

「三親」這個詞除了聳動，就許多方面也誤導視聽。第一，捐
贈粒線體的女性完全沒有參與養育過程。第二，細胞核中有兩萬
個基因，而粒線體內的 DNA 非常少，只有 37 個基因，占整個基
因體的 0.1％。第三，帶有三名父母 DNA 的小孩早已出生。

粒線體捐贈　這項「三親嬰兒」技術有兩種做法……

❶ 紡錘體轉移

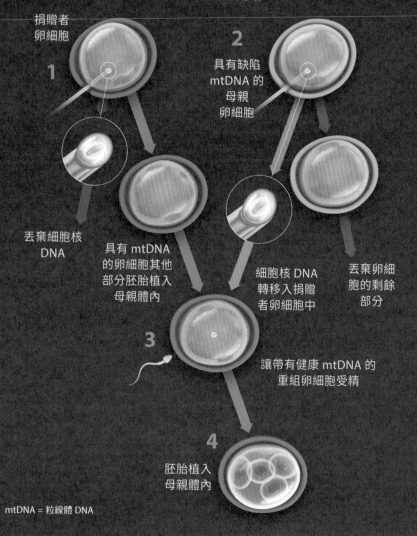

捐贈者
卵細胞

1

2

具有缺陷
mtDNA 的
母親
卵細胞

丟棄細胞核
DNA

具有 mtDNA
的卵細胞其他
部分胚胎植入
母親體內

細胞核 DNA
轉移入捐贈
者卵細胞中

丟棄卵細
胞的剩餘
部分

3

讓帶有健康 mtDNA 的
重組卵細胞受精

4

胚胎植入
母親體內

mtDNA = 粒線體 DNA

138　**基因大未來**

1 由兩顆卵細胞開始，一顆來自帶有病變粒線體的母親，另顆來自健康粒線體的捐贈。取出這兩顆卵的細胞核 DNA。

2 將母親卵中取得的細胞核 DNA 轉移到捐贈者的卵（帶有健康粒線體但沒有細胞核 DNA）中。丟棄母親卵細胞的剩餘部分。

3 使用父親的精子讓這顆含有母親細胞核 DNA 的完整卵細胞受精，讓受精卵發育成胚胎。

4 將胚胎植入母親子宮，現在胚胎中含有捐贈者的粒線體以及來自母親和父親的 DNA，總共有三名父母。

研究發現代理孕母會將微量的粒線體 DNA 傳給她們懷胎九月的寶寶。此外在 1990 年代晚期也發現，利用試管嬰兒技術「卵細胞質轉移」（將年輕捐贈者的卵細胞質注入較年長女性的卵細胞中，以提高後者生殖的成功率）生下的小孩，後來會帶有少量的捐贈者 DNA，其中有些小孩至今仍好端端地活著。然而美國食品藥物管理局（FDA）在 2001 年禁止了卵細胞質轉移這項療法，FDA 至今也尚未核准前面所討論的粒線體捐贈新技術。

不過粒線體捐贈不同於代理懷孕和細胞質轉殖，有個簡單的原因：它是蓄意製造「DNA 來自三名父母的小孩」。刻意改變孩子可遺傳的 DNA，這件事本身就比較讓人不安。這和藥物療程不一樣，基因的變化會遺傳給後世子孫。2014 年，遺傳學與社會研究中心（CGS）執行董事瑪西‧達諾夫斯基（Marcy Darnovsky）在《紐約時報》的評論中表示，用這項技術產生「基改嬰兒」（不可否認這個字眼很有煽動力）是「踏出危險的一步」以及「極端的做

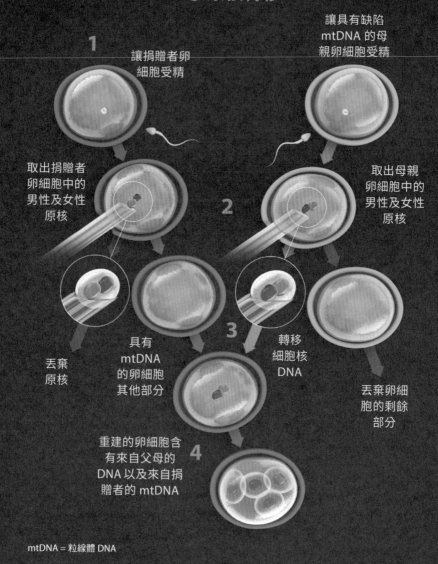

❷ 原核轉移

1 讓捐贈者卵細胞受精

讓具有缺陷 mtDNA 的母親卵細胞受精

取出捐贈者卵細胞中的男性及女性原核

2

取出母親卵細胞中的男性及女性原核

丟棄原核

具有 mtDNA 的卵細胞其他部分

3 轉移細胞核 DNA

丟棄卵細胞的剩餘部分

重建的卵細胞含有來自父母的 DNA 以及來自捐贈者的 mtDNA

4

mtDNA = 粒線體 DNA

1 由兩顆卵細胞開始，一顆來自帶有病變粒線體的母親，另顆來自健康粒線體的捐贈。以父親精子讓這兩顆卵細胞受精。

2 將兩顆卵細胞中的原核取出，也就是尚未混合的精、卵細胞核。丟棄母親卵細胞的剩餘部分。丟棄捐贈者的原核。

3 將父母的原核注射入含有健康粒線體的捐贈者卵細胞中。

4 將胚胎植入母親子宮，胚胎中含有捐贈者的粒線體以及來自母親和父親的 DNA，總共有三名父母。

法」。當然這篇評論引起了大眾的恐慌，害怕粒線體捐贈可能會產生「訂做嬰兒」（儘管事實上粒線體基因不會影響眼睛顏色等等看得到的性狀）。美國內布拉斯加州的共和黨眾議員傑夫·福騰伯里（Jeff Fortenberry）甚至稱之為「可怕的優生學複製人」。

先別提這些不經大腦思考的說法，這項技術的確需要謹慎斟酌。透過研究，我們漸漸發現粒線體不單單是「電池」，它還會影響神經訊息傳導的速率，在肝臟處理有毒的氨，以及在計畫性細胞死亡中扮演重要角色。此外，遺傳資訊會在細胞核和粒線體之間不停往返運送，這表示將一名女性的粒線體換成另一名女性的粒線體，可能會對後代造成預期之外的影響。

然而，關於粒線體置換技術最令人苦惱的事實可能是：帶有粒線體疾病的家庭中，只有少數適用這項技術。我們現在知道細胞核 DNA 中可能有 1,000 至 1,500 個基因會製造粒線體所必需的蛋白質，而這些基因也可能發生錯誤。可能只有四分之一的粒線體疾病是由

粒線體本身的基因引起。拉曼解釋道，「甚至在超過 20 年以前，我們就已經知道罹患粒線體疾病的小孩大多沒有突變的粒線體 DNA。」

換句話說，剩下四分之三帶有粒線體疾病的家庭，無法藉由粒線體捐贈技術來保護他們的小孩。不過英國人類受精與胚胎學管理局（HFEA）進行三次科學審查之後，認為這是安全的療法。

出生前的療法

輸血

自 1989 年開始，胎兒輸血就已成功施行，也就是將捐贈者的血液注射入胎兒體內，通常是透過臍帶來輸血。輸血可治療裸淋巴球症候群（bare lymphocyte syndrome）、嚴重複合型免疫缺乏症（SCID，或稱泡泡兒）等病症。

幹細胞移植

通常只有出現疾病症狀時才會輸血。不過研究人員希望提早治療 SCID 和鐮刀型細胞貧血症等遺傳性疾病，正在試驗將捐贈者的幹細胞注射入胎兒體內的療法。目前尚未進行人體試驗，不過動物實驗的結果很樂觀。

產前基因療法

基因療法是利用改造過的病毒將基因送入患者的細胞核 DNA 中，這項技術已用來治療特定疾病的成人和兒童患者超過 20 年。不過包括囊狀纖維化（CF）等多種疾病在兒童時期（甚至出生前）就已造成器官傷害，因此研究人員希望能夠提早治療母體內的胎兒，在疾病還沒造成傷害前先發制人。目前已經在小鼠、猴子及綿羊上試驗成功。

「教育」胎兒免疫系統

研究人員正在嘗試使用移植蛋白質（而非基因或完整細胞）來「教育」發育中胎兒的免疫系統。血友病成年患者的治療方式是注射凝血蛋白，不過大約五分之一的人會排斥捐贈者的蛋白質。透過臍帶注射這種蛋白質來「教育」小鼠胎兒的免疫系統，讓小鼠寶寶在出生後就更容易接受外來移植物。

粒線體捐贈有可能像其他試管嬰兒技術一樣成為常態的治療方法嗎？

　　「英國國會的這項決定相當大膽，不過是在了解情況、深思熟慮之後所做的決定。」英國國會議員兼任衛生部政務次長的珍・艾利森（Jane Ellison）在 2015 年 2 月向下議院這麼說，「這是在可靠的管理制度之下進行獨步全球的科學技術，對於受影響的家庭而言，是幽暗隧道盡頭的光。」

　　第一個試管嬰兒露易絲・布朗（Louise Brown）誕生於 1978 年 7 月 25 日，2018 年適逢她 40 歲生日。回到當時，眾人擔心會創造出鐘樓怪人般的怪物，也質疑人類不該扮演上帝的角色。然而現在透過試管嬰兒技術而誕生的孩子已經超過 500 萬人。最終，醫師相信這項新技術將循著試管嬰兒技術的腳步，成為改變生命的常態療法。

柔伊・科米爾（Zoe Cormier）　自由科學記者，也是游擊科學組織（Guerilla Science）的創辦人。

譯者　賴毓貞　高雄醫學大學生物系畢。

該拒絕
基改食物嗎？

基改食物已問世超過 30 年，討論熱度卻依然未減。

如果它是安全的，

未來我們應該允許它在陳列在貨架上嗎？

美國邁阿密在多數人印象中，要不是陽光普照的度假勝地，就是美國犯罪影集的常見場景。然而 1983 年，它也在科學史鑑中留下永恆一筆；當年科學家將特殊基因（DNA 片段）轉殖到植物細胞，培養出只改變單一性狀的植株，該研究的發表地點就在邁阿密。在此之前，植物育種家只能透過兩親株雜交，再從子代植株篩選表現優良特性的稀有個體；育種成功與否，憑藉的是自然機率，因此要花上好幾年才能育成具備某些特性的新品種。轉殖技術的出現，突然間讓改變既有品種變得相對容易；基因改造（簡稱基改）或稱轉殖基因農業的時代也就此展開。

（上圖順時針起）美國明尼蘇達州的研究人員，正在照料試驗中的基改玉米；美國愛荷華州的這片田地上，種植了不同品系；存在於土壤的蘇力菌，其基因可植入作物，使作物不受某些害蟲影響。

爾後利用這項技術研發新品種作物的競賽開跑，領頭羊是美國農業農化公司孟山都。從商業角度來看，不難理解其首要目標即為能帶來最大銷售量的作物。該公司的兩項主力產品，其一是設計成能抗除草劑的作物，特別是自家生產的除草劑嘉磷塞（glycophosate），因此能夠殺死雜草，卻不會傷害作物；其二是表現蘇力菌（Bacillus thuringiensis，簡稱 Bt）毒性基因的作物，能免於某些害蟲的威脅。這些產品背後的策略代表著某種重大變革。緊接在二戰後的科學研發重心，都在找出新的除草劑和殺蟲劑，如今科學家不用發明新的化學藥劑，只要改變作物基因就能達到相同成效。1996 年首批基改作物在美國上市，銷量就迅速增長。

　　據估計，2015 年基改種子的銷售額是 153 億美元，全球超過 20 個國家種植基改作物，總面積逾 4.4 億公頃，是 1996 年以來的 100 倍之多。2015 年，基改作物種植面積前五大國家，分別是美國（1.75 億公頃）、巴西、阿根廷、印度與加拿大。美國九成以上的玉米、黃豆和棉花都是基改作物。相較之下，歐洲的種植面積只有 29 萬公頃（大多在西班牙）；全是一種可抗蟲的玉米品種。

　　雖然基改種子的價格比傳統的昂貴，但多出的費用可視為一種保險策略，保障作物不因雜草或害蟲造成農損；也不必一再投注大量時間與金錢，噴灑除草劑或殺蟲劑。

　　既然如此，為何歐盟農夫不想這麼做？答案與基改種子的供需差異有關。首先，歐洲與美國栽培的作物種類不同，前者的黃豆種植量非常少。更重要的是，大西洋兩岸對基改作物與食品的態度也不同。美國農業區大多遠離主要人口集中區域，人民也普遍接受政府的基改政策。

但在歐洲，住宅通常臨近農業區，因此人民會比較在意基改作物的種植地點，也較不信任政府對於基改作物的規範。各界歧見，再加上歐盟 28 個成員國間的複雜政治角力，至今只有極少數基改作物經核准種植。投資歐洲基改作物的企業因而紛紛轉往美國或東南亞，這會導致快速的商業整合，未來可能只有三大企業集團。許多人認為這是個大問題，因為農業（包含基改作物）在商業支配下，不僅不利於公平競爭，還會威脅開發中國家人民的生計。

基改食物安全嗎？

除了因察覺商業權力集中在少數人手上而反對之外，也有人基於食品與環境安全直言批評。這樣的批評依據為何？首先，讓我們想想食用作物從哪裡來。很多人類種植的作物是從古代野生種基因突變而來，這些自發性突變經鑑定，發生在一萬到兩萬年前，即人類由狩獵採集轉型為農耕的時期。突變會造成顯著的性狀改變，舉例來說，野生種馬鈴薯通常含有致毒的化學物質：配醣生物鹼，可保護它們免於昆蟲攻擊。野生番茄的果實比人類栽培品種的小許多，也是出於類似原因。

近年來，人類透過定序作物 DNA 發現了這些演化過程的有趣之處。如今科學家已確認，基因體中的基因會持續增加，也會不斷流失。增加的基因通常來自其他物種，屬於「基因平行轉移」的一部分。以人類為例，我們大約有 50 個從其他生物轉移而來的基因，其中 27 個來自多種病毒。因此生物基因體本當會逐漸變化，我們不該認為它恆久不變。

但無論是自然引發或人為的基因變化，都會衝擊食品安全嗎？人

數個世紀以來，農夫持續進行選擇性育種：過去胡蘿蔔是紫色的，育種後才變成我們較為熟悉的橘色；這樣的過程並非基因改造。

體從皮膚、骨骼、血液到大腦，每個部位都是由分解食物所獲得的化學成分組成。基改作物或食品的 DNA 和蛋白質，與其他食品的基本化學構成並無不同。過去 20 年來，已有上百萬人食用基改食物，但不管是木瓜這類新鮮水果，或是玉米、黃豆、甜菜或油菜的加工製品，都未證實會傷害人體。

事實上，全球主要的食安議題與汙染引發的食物傳播疾病有關，多數是因食物含有沙門氏菌、大腸桿菌等細菌，或病毒、寄生蟲、毒物和化學物質。2015 年世界衛生組織（WHO）首度計算食物傳播疾病導致的全球性負荷：每年將近十分之一的人，因為吃了汙染食物而生病，造成 42 萬人死亡。對經濟也有重大影響：2011 年德國爆發大腸桿菌疫情，50 人因食用有機葫蘆巴芽菜死亡，根據報導，這讓農民與業界損失了 13 億美元，外加提供 22 個歐盟成員國 2.36 億美元的急難救助金。

有些人擔心，一旦基改作物中的轉殖基因飄散至空氣，可能會危害野生近緣種。科學家視這樣的「基因汙染」（genetic pollution）為不可逆反應，並且會威脅物種多樣性或穩定性。雖然證據顯示，抗除草劑基因已透過一種基改禾草類植物的花粉轉移至野生種，但並沒有

比利時布魯塞爾歐盟總部前的反基改示威者。

對環境造成影響。再者，栽培種作物與其野生近緣種之間本來就會互相授粉（發生頻率低），這是早就知道的事。

多數的工業化國家與許多開發中國家的政府將基改作物的進口與種植納入法規，並規範食品無論來自基改或非基改作物都要標示。在歐盟和美國，法規規範了基改生物（GMO）生產的「過程」；加拿大的法規則著重「產品」，而非生產方式。許多科學家目前認為，應該要鎖定產品而非過程才合理，如此一來，才能將近年開發的新型育種技術都納入規範。

基改的未來

歐洲的情況有些矛盾，由於當地基改作物種植的面積不多，進口黃豆卻有九成出自基改來源，而黃豆是動物飼料的主要成分。由於許多動物都被餵食進口基改飼料，意謂歐洲人也間接吃下了大量基改食品。全英國都買得到來自這些動物的蛋、肉類和乳品，但這些生食都無需貼上基改標示。相反地，即食食品若含有基改成分就要標示。美國的做法是，一旦某些產品經過法規單位核准，被認定等同不含基改成分的產品，就不需標示。

數個經濟學研究顯示，若移除 GMO 可能會為食物鏈帶來顯著的衝擊。2016 年初美國普渡大學的研究發現，倘若 GMO 完全消失，作物產量會減少，牽動商品價格攀升。玉米價格漲幅最高上看 28%，黃豆則是 22%，消費者可預期食品價格會上揚 1% 至 2%。

美國北卡羅來納州立大學在 2015 年也做了類似研究，倘若有人想在美國完全吃非基改食物，平均每樣食物花費會比基改食物高出 33%。若以每盎司（約 28.35 公克）來計算，非基改食物花費

歐洲母牛常被餵食基改黃豆，這意味著當人們食用牛肉或牛奶，也間接（並可能在毫不知情之下）把基改生物吞下肚。

平均高出 73%。以典型美國家庭的食物總開銷來說，非基改飲食會讓伙食預算從每年平均 9,462 美元，增加到 12,181 美元。

　　基改技術如今正邁向發展中期，它的未來會一如反對者預測，不久後逐漸消失，僅是農業史上的一段插曲？或是它將蓬勃發展，並協助因應未來大量人口的糧食需求？依據客觀證據，國際上大多數的科學家認為這項技術是安全的，同時承認，有些團體可能會因社會經濟學或倫理學而反對。無論如何，技術持續日新月異。目前正在研發許多新形態的基改與基因編輯（geneedited）作物以及動物，包括不會褐化的蘋果與馬鈴薯、更營養的紫色番茄，甚至是生長期不再侷限春、夏，終年都能生長的 AquaBounty 基改鮭魚，不但降低了生產成本，也能減輕對環境的影響。

科學家如今利用基因編輯技術，也能製造具有某些特性的作物。

　　比起過去的農產品，消費者可能更直接受惠於這些基改產品。英國可能會制定新法，鼓勵朝更合理和更均衡的方向制定規範，如此或許能讓英國的科學人才更有效地發揮專業。不過此事是否成真，基改*科技是否會為世人留下貢獻，只有時間才能證明了。

*根據衛服部食藥署，目前取得我國基因改造食品原料查驗登記許可的作物有黃豆、玉米、棉花、油菜與甜菜，都是國外開發的品種，尚無國內所開發的產品提出申請；國內也尚未核准任何基改作物的商業化種植。

吉姆・唐威爾（Jim Dunwell）　英國雷丁大學植物生技系教授。研究領域包含植物育種、基因表現與蛋白質演化。
譯者　林云也　美國伊利諾理工學院食品安全與科技碩士，台灣大學農藝系學士。

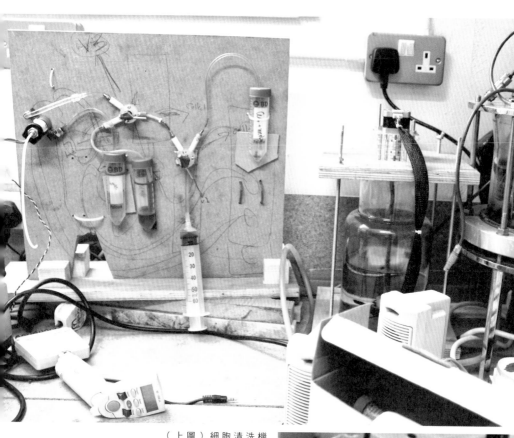

（上圖）細胞清洗機
（左）的原型，用來洗去
鹽分讓細菌能夠接受新的
DNA，還有兩台能夠製造
生質燃料等物質的生物反
應器（右）。

（右圖）kombucha 在乾
燥之前是黏黏軟軟、具有
彈性的物質。

生物駭客

**有些人將改造 DNA 當成嗜好。
他們是些什麼人，為什麼要這麼做？**

　　我們一般對「駭客」的印象大多是搞破壞的傢伙（嚴格來說應該稱為「破壞者」），然而英文 hacker 這個字其實更適合用來形容創作新事物或賦予事物新用途的人士，尤其是在科技上動些手腳的人。生物駭客主要著重於生物科技，也是「自己動手玩生物」（DIYbio）群眾運動的一部分。

　　DIYbio 的團體都是由志工管理，成員通常繳交月費支付實驗室中共享的設備及耗材費用，這樣的制度讓所有對生物學感到好奇的人都能負擔及接觸。

　　2010 年只有少數幾間生物駭客實驗室，但根據 diybio.org 網站，現在全世界這類型的團體已經超過 60 個。2015 年，英國健康安全局（HSE）將

Biohackspace 登 記為「3266 基改中心」，是英國第一間讓「任何人」都能進行基因工程的實驗室。

這些團體在創立時通常只有車庫般的規模——回到現代運算技術的初期，史帝夫・賈伯斯（Steve Jobs）、史帝夫・沃茲尼克（Steve Woz niak）和比爾・蓋茲（Bill Gates）等特立獨行的人都曾在倉庫裡埋首研發操作系統。如今這些團體已逐漸成長茁壯。

美國加州桑尼維爾的 BioCurious 是領先全球的 DIYBio 之一，他們至今仍延續著早期矽谷裡的企業精神。BioCurious 自從 8 年前開放後，就歡迎研發「驗證概念」產品的企業家或是為了科展研究的高中生以及各式各樣的人加入。他們平均每個月會增加兩至三名成員，目前的成員有人類學家、物理學家和軟體工程師等

利用 CRISPR Cas-9 系統將蠶進行基因改造，就能讓牠們不受致命病毒的威脅。

等。BioCurious 有一項與生物螢光有關的計畫後來發展為「發光植物」（Glowing Plant），並在 Kickstarter 集資平台上募得約 1,500 萬台幣。先前領導「發光植物」的科學家凱爾‧泰勒博士（Kyle Taylor）目前在 BioCurious 裡負責植物研究部門，旗下有 15 名成員正著手於六項計畫。

讓我們再回到大西洋東岸，生物駭客空間（Biohackspace）的其中一項合作計畫是研發製作「紅茶菌膜」（kombucha pancake）。康普茶（kombucha）是由紅茶與多種微生物發酵而成的茶飲，其中最重要的微生物是會分泌纖維素細絲的醋酸菌（*Gluconacetobacter*）。在康普茶的製作過程中會產生紅茶菌膜，與其他由植物形成的物質不同的是，紅茶菌膜的成分幾乎只有纖維素，薄的紅茶菌膜乾燥後可成為紙張，也可用於傷口敷料或高級喇叭的震膜；厚的菌膜則堅韌到足以製成衣物，也算是一種純植物皮革。

另一項計畫是利用自釀啤酒風潮的「自釀啤酒組」（DIY Beer Kit），組合包裡有可任君挑選搭配的酵母菌品系，這些經過基因改造的酵母菌，會製造出絕佳風味或是奇怪味道的分子。Biohackspace 以自釀啤酒組參加 2015 年國際基因工程機械（iGEM）競賽，獲得銅牌。

DIYbio 和 iGEM 的共同之處在於大量利用合成生物學，也就是透過標準的生物積木零件，像樂高積木般打造生物機器。這個過程需要一套工具組，還有分子生物學領域中最強大的新技術 CRISPR-Cas9 系統，也稱為「CRISPR」。

CRISPR（群聚且有規律間隔的短回文重複序列）是 1987 年在大

腸桿菌中發現的 DNA 序列。研究人員在 10 年後發現，CRISPR 序列是細菌和其他微生物體內抗病毒防禦系統的一部分：當病毒入侵細胞，酵素會剪下一小部分病毒基因體，貼在細胞 DNA 中的兩個 CRISPR 序列之間，細胞利用這段基因記憶來製造「RNA 嚮導」，如果入侵者再回來，嚮導會辨識病毒 DNA 並指示 Cas9 酵素摧毀它。生物工程學家在 2012 年證實，改編 RNA 嚮導的序列，就能夠讓它辨識，任何我們希望它辨識的 DNA 序列。

CRISPR 是相當精確的革命性新技術，與大多數的基因編輯技術不同，它相當快速、便宜而且簡單到連業餘人士都可操作。

玩得安全

任何想對自然事物動手腳的人，都會被質疑是在「扮演上帝的角色」，因此有些人對於專業科學家的基因改造實驗抱持保留態

Biohackspace 的成員討論未來計畫。

度，更不用說會有人對於讓業餘人士操弄不熟悉的生物技術感到憂心忡忡。

雖然有 CRISPR 這項利器，我們也不該高估生物駭客的能力。「CRISPR 不過是項工具，你自己還是要有想法，知道該關閉或開啟哪個基因。」倫敦大學學院合成生物學家戴倫‧奈斯貝博士（Darren Nesbeth）解釋，「想要重新設計細胞，知識本身就是最大的障礙。」

生物駭客也會因為 DIYbio 實驗室可取得的資源有限而受到限制，有些實驗藥劑例如酵素就相當昂貴，而且製造 CRISPR 序列的公司也有保全措施，以確保他們不會供應可能對他人有惡意的遺傳物質。「不是每個人都可以購伊波拉病毒的序列，」BioCurious 社群參與主任瑪麗亞‧查維茲（Maria Chavez）說，「沒有人會賣你這些基因。」

大眾對生物駭客的意見與對基因改造的輿論類似，大多是關於討論人造品系流入自然界或恐怖分子藉以設計生化武器等假設性議題，對此 DIY Bio 團體倒是嚴肅以對。美國聯邦調查局及國防部等政府部門持續與這些團體接觸，並派遣幹員拜訪這些實驗室。「他們一開始來得很頻繁，正式拜訪至少一個月一次，」查維茲表示，「至於路過來看看的非正式拜訪，我就數不出有幾次了。」DIYbio 也會規定會員能夠做什麼實驗。奈斯貝說，「這些組織有架構和規範，就像在大學裡一樣。」

J. V. 查馬瑞（J. V. Chamary）　生物學家及作者，著有《50 則非知不可的生物學概念》（*50 Biology Ideas You Really Need to Know*）。

譯者　**賴毓貞**　高雄醫學大學生物系畢。

EARTH 015

THE ULTIMATE GUIDE TO YOUR GENES
BBC 專家為你解答：基因的祕密

作　　　者　《BBC 知識》國際中文版
譯　　　者　賴毓貞、林云也、劉冠廷
企 劃 選 題　辜雅穗
責 任 編 輯　鄭兆婷
總　編　輯　辜雅穗
總　經　理　黃淑貞
發　行　人　何飛鵬
法 律 顧 問　台英國際商務法律事務所　羅明通律師
出　　　版　紅樹林出版
　　　　　　臺北市中山區民生東路二段 141 號 7 樓
　　　　　　電話 (02) 2500-7008　傳真 (02) 2500-2648
發　　　行　英屬蓋曼群島商家庭傳媒股份有限公司城邦分公司
　　　　　　台北市中山區民生東路二段 141 號 B1
　　　　　　書虫客服專線 (02) 25007718・(02) 25007719
　　　　　　24 小時傳真專線 (02) 25001990・(02) 25001991
　　　　　　服務時間：週一至週五 09:30-12:00・13:30-17:00
　　　　　　郵撥帳號：19863813 戶名：書虫股份有限公司
　　　　　　讀者服務信箱 email：service@readingclub.com.tw
　　　　　　城邦讀書花園：www.cite.com.tw
香 港 發 行 所　城邦（香港）出版集團有限公司
　　　　　　香港灣仔駱克道 193 號東超商業中心 1 樓
　　　　　　email：hkcite@biznetvigator.com
　　　　　　電話 (852) 25086231　傳真 (852) 25789337
馬 新 發 行 所　城邦（馬新）出版集團 Cité(M)Sdn. Bhd.
　　　　　　41, Jalan Radin Anum, Bandar Baru Sri Petaling,
　　　　　　57000 Kuala Lumpur, Malaysia.
　　　　　　電話 (603) 90578822　傳真 (603) 90576622
　　　　　　email：cite@cite.com.my

封 面 設 計　葉若蒂
印　　　刷　卡樂彩色製版印刷有限公司
內 頁 排 版　葉若蒂
經　銷　商　聯合發行股份有限公司
　　　　　　客服專線：(02)29178022 傳真：(02)29158614

2021 年（民 110）1 月初版
Printed in Taiwan
定價 390 元
著作權所有・翻印必究
ISBN 978-986-97418-7-3

BBC Worldwide UK Publishing
Director of Editorial Governance　Nicholas Brett
Publishing Director　　　　　　　Chris Kerwin
Publishing Coordinator　　　　　　Eva Abramik
UK.Publishing@bbc.com
www.bbcworldwide.com/uk--anz/ukpublishing.aspx

Immediate Media Co Ltd
Chairman　　　　　　　　Stephen Alexander
Deputy Chairman　　　　Peter Phippen
CEO　　　　　　　　　　TomBureau
Director of International
Licensing and Syndication　Tim Hudson
International Partners Manager　Anna Brown

UK TEAM
Editor　　　　　　　　　Paul McGuiness
Art Editor　　　　　　　Sheu-Kuie Ho
Picture Editor　　　　　　Sarah Kennett
Publishing Director　　　　Andrew Davies
Managing Director　　　　Andy Marshall

BBC Knowledge magazine is published by Cite Publishing
Ltd., under licence from BBC Worldwide Limited, 101 Wood
Lane, London W12 7FA.
The Knowledge logo and the BBC Blocks are the trade
marks of the British Broadcasting Corporation. Used under
licence. (C) Immediate Media Company Limited. All rights
reserved. Reproduction in whole or part prohibited without
permission.

國家圖書館出版品預行編目 (CIP) 資料

BBC 專家為你解答：基因的祕密 /《BBC 知識》國際
中文版作；賴毓貞等譯. -- 初版. -- 臺北市：紅樹林出
版：家庭傳媒城邦分公司發行, 民 110.01　　160 面；
14.8X21 公分. -- (Earth ; 15)
ISBN 978-986-97418-7-3(平裝)

1. 基因 2. 遺傳學

363.81　　　　　　　　　　　　　　　　109018837